伊恩·斯图尔特 数学游戏全集

Polygons and the Time Dilemma

多边形与时间困境

Cows in the Maze:
And Other Mathematical Explorations

【英】伊恩·斯图尔特 ◎ 著
谈祥柏 谈 欣 ◎ 译

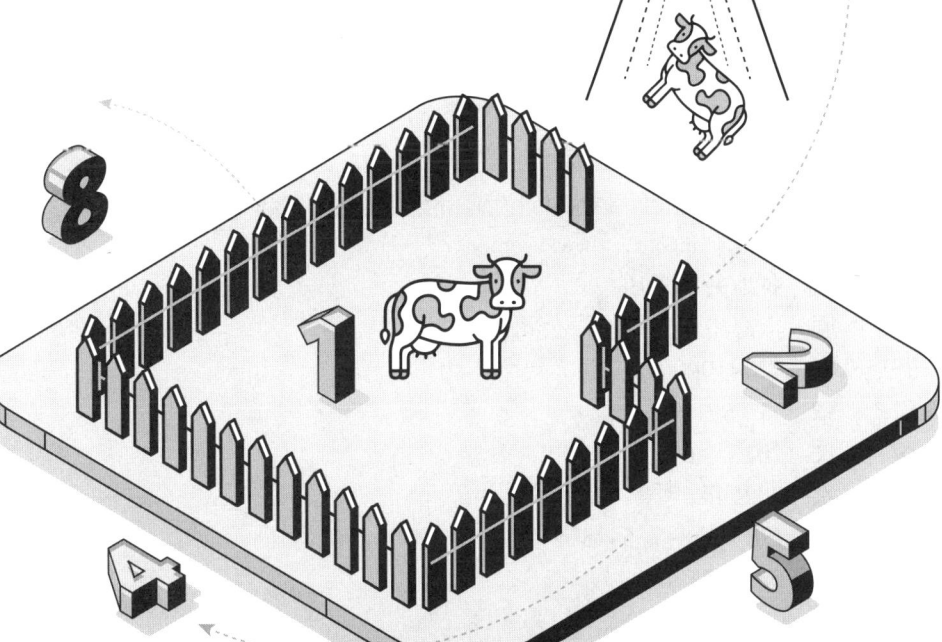

上海科技教育出版社

图书在版编目(CIP)数据

多边形与时间困境/(英)伊恩·斯图尔特著;谈祥柏,谈欣译. -- 上海:上海科技教育出版社,2025.6. (数学桥丛书). -- ISBN 978-7-5428-8407-7

Ⅰ.O1-49

中国国家版本馆CIP数据核字第2025DR8572号

责任编辑 李 凌 卢 源
封面设计 戚亮轩

数学桥丛书

伊恩·斯图尔特数学游戏全集

多边形与时间困境

[英]伊恩·斯图尔特 著
谈祥柏 谈欣 译

出版发行	上海科技教育出版社有限公司
	(上海市闵行区号景路159弄A座8楼 邮政编码201101)
网 址	www.sste.com www.ewen.co
经 销	各地新华书店
印 刷	上海中华印刷有限公司
开 本	720×1000 1/16
印 张	11.75
版 次	2025年6月第1版
印 次	2025年6月第1次印刷
书 号	ISBN 978-7-5428-8407-7/N·1255
图 字	09-2021-0934号
定 价	48.00元

致　　谢

感谢以下公司与个人,同意本书作者使用其图片:

图9.2和图9.3　谢弗博士与斯特恩先生歌舞团

前　言

奶牛回来了。

如果你对这一游戏很生疏，或者以前从未关注过，那么我得告诉你，牛津大学出版社出版的《迷宫中的奶牛》①是我在《科学美国人》(*Scientific American*)杂志及其法文版《为了科学》(*Pour La Science*)上发表的"数学游戏"专栏文章的第三本集子。法文版历来有它自己的专门文章，一个时期以来我每年为美国版写6篇，为法文版写另外6篇。另两本更早的集子是由其他出版社发行的。

是的，那些奶牛令我念念不忘。

在我们准备出牛津大学出版社的第一本集子《数学嘉年华》②时，编辑们打算为每一章提供一幅漫画，使本书看起来更为悦目，封面自然更不例外。在与一批天才漫画家打交道后，他们决定敦请盖莱尔(Spike Gerrell)出手。书中有一章名叫"数数太阳底下的牛"，是一个复杂得要命的谜题，其答

---

① 本书中文版将原作一拆为二，即本系列的《多边形与时间困境》《绳结与迷宫中的奶牛》。——译者注

② 本书中文版将原作一拆为二，即本系列的《搬桌子与大富翁游戏》《点格棋与海盗困境》。——译者注

案竟有206 545位之多,到了1880年才第一次得到。有理由相信,即使阿基米德本人也未必会想到它竟然**如此**可怕……但你们永远不可能告诉阿基米德了。

不过,盖莱尔受奶牛这个题目的启示,画出了一些特别可爱的奶牛。在书的封面上,有一头奶牛正在跳向月球,有三头奶牛被布条蒙住了眼睛——啊,实际上是一些眼罩。倘若你看一下书脊,你将会看到,角落里有头奶牛正在偷偷地窥视着你。

在第二本集子《如何切蛋糕》[①]里,奶牛不见了,盖莱尔画了几匹国际象棋棋盘上的马、被一根电话线缠住的猫——它与物理大师薛定谔无关,同任何量子力学也不沾边——还有一只发呆的兔子。不用奶牛作题材显然有失公允,为了弥补这个缺陷,我们打算再出一本集子,在可能的选题中,有一个名叫《迷宫中的奶牛》。后来大家果断拍板,倒也使我们省掉了另拟一个书名的麻烦。

看了书名之后,你也许会认为数学是一个相当严肃的行当,一群奶牛在迷宫里横冲直撞,旁观者则是一帮建造迷宫或拆毁它的工程

[①] 本书中文版将原作一拆为二,即本系列的《切蛋糕与无尽的棋局》《萤火虫与复活洗牌法》。——译者注

师,这样的题材似乎缺了点**吸引力**。但我已经说过多次,"严肃"不等于凛然不可侵犯。数学确实是一种严肃的职业:没有数学,我们的文明就不可能运行——在这方面,大家已经达成共识。数学对许多人来说是很陌生的,但对于希望了解它的人又是相当容易的。数学的面孔太过刻板,有必要让它稍微放松一下。人们不必对小数点、分数、平行四边形……泥古不化,斤斤计较(目前情况是否有所好转呢?)。数学里的伟大秘密,本可以使整个题材更为有趣,现在却被我们掩盖得不明显了。

需要强调一下趣味的重要性。

即使是严肃的材料也可以是有趣的,尽管它曲高和寡,要通过一种严肃的途径,但几乎任何事物都挫败不了那种神奇的感觉:当你头脑里的小电灯泡突然点亮时,你将猛然**醒悟**究竟是什么东西在使数学像钟表那样滴答滴答地转个不停。数学研究——当我不写书时,它是我的主要工作——其中有99%是徒劳无功的,好像是把你的头撞击砖墙,但只要有1%的"顿悟",你就会突然开窍,原来一切都是如此简单,而你却被蒙在鼓里,笨得不可救药。灵光闪现!脑子里的小电灯泡亮了,你摆脱了那种愚笨的感慨,而99.99%的人都不能理解这个问题,更别提得到答案了。一旦你理解了它,数学永远是容易的。

我之所以能成为一位数学家,重要原因之一是《科学美国人》杂志上逐月连载的"数学游戏"专栏文章,执笔者就是那位独一无二的加德纳(Martin Gardner)先生。加德纳不是一位数学家,但把他称为一个撰稿人又实在太局限了。他是一位作家,兴趣十分广泛,其中包括趣题、魔术(适合于舞台表演)、哲学,乃至揭露伪科学的种种丑恶。他**不是**一位数学家,这反倒使"数学游戏"专栏写出了特色。对于一些有趣的、神奇的以及重大的事情,他有着一种不可思议的本能。他的角色无法复制,而我也从未有过这种尝试。正是加德纳使我懂得,数学着实要比我在学校里接触过的任何事物更加广阔,更加富饶。

我倒不是在责怪中、小学校的数学课。我有过一些很优秀的老师,其中一位名叫雷德福(Gordon Radford),他花费了大量业余时间来教我和我的几位朋友,课程内容同我在加德纳那里学来的基本一样。在课本之外,还有一大批数学知识需要学习。学校教授我的只是技术,加德纳传授我的才是**激情**。奥伦肖夫人(Dame Kathleen Ollerenshaw,她是英国真正伟大的数学教师之一)在她的自传《漫谈许多往事》(*To Talk of Many Things*)中讲述了当年在学校任教时的一桩小事,后悔自己错过了发现一些数学新知识的机会。她的一位学生提出了不同看法:这种情况已经太多了,何必再为之操心?我是站在奥伦肖夫人一边的,在本书中,有一章讲到了夫人的愿望已经实现①,尽管她的职业生涯主要致力于教育事业与地方政府的工作。当时她已经是82岁高龄,如今又已过去了十年。

这本书可以按照任何顺序来阅读:每一章都是独立的,不论哪一章节使你烦恼,你都可以把它跳过去。(这里还有另一个重大的数学秘密,幸而我在年轻时就早已熟悉:不要死板拘泥于艰难的细节,无论如何都要披荆斩棘,奋勇前进。最初总是透露微光,随后破晓,即使不是这样,你仍然可以随时返回再试。)唯一的例外是一气呵成的3章(原先是两篇专栏文章,由于其中的一篇所占篇幅较多,我把它一分为二了),讲的内容是时间旅行的数学②。

书中的课题很分散——它不是一本教科书,而是祝贺数学研究与发现取得成果的欢乐颂歌。有些章节是用讲故事的形式来叙述的,另一些则是平铺直叙。当我在杂志上的篇幅由3页削减到2页时,我不得不停止了用故事形式来写专栏文章的做法。但法国人还是继续纵容我,听任我按自己的风格写文章,在没有为美国版写稿的月份为他们写上一篇,直到美国人让我每月提供一篇稿件时为止。除了奶牛这篇

---

① 请参阅本系列的《绳结与迷宫中的奶牛》的第9章。——译者注

② 请参阅本书的第7到第9章。——译者注

奇文之外，有眼力的读者还能找到题材丰富多彩的、真正的数学内容，它们分散在本书各个章节之中：数论、几何、拓扑学、概率……，以及应用数学的若干领域，其中包括流体力学、数学物理乃至动物的行走。

与读者之间的通信交流使专栏文章得益匪浅。对各个专题来说，读者们提供了将近一半的观念与想法。我们开辟了一个"反馈信息"栏目，在大部分章节里包含了读者们的建议。在让这些建议跟上时代、改正错误与排除模棱两可等缺点的同时，我力图保持它们的原汁原味，不要走样。

我要深深感谢我的编辑梅农（Latha Menon）以及被他说服的牛津大学出版社的其他编辑，他们同意并支持我同盖莱尔的奶牛们一起嬉戏玩耍，蹦蹦跳跳。我也要感谢盖莱尔，他设计了本书原著极具特色的、用奶牛作为主要装饰的封面。我还要向布朗热（Philippe Boulanger）致谢，他让我自由地浏览法文版《为了科学》杂志的一些封面，启动了这一切。最后，还要感谢《科学美国人》杂志社，他们帮我实现了童年时代的一个美梦。

伊恩·斯图尔特
2009年9月于考文垂

目　　录

第1章　骰子：学问不小，魅力更大 / 1

第2章　探索多边形的秘密 / 23

第3章　连成一气，你就赢了 / 35

第4章　跳跃冠军 / 47

第5章　同四足动物一起散步 / 63

第6章　用纽结填满空间 / 85

第7章　走向未来1：陷入时间困境 / 99

第8章　走向未来2：黑洞、白洞与虫洞 / 117

第9章　走向未来3：回到过去，还有利可图 / 131

第10章　扭转的圆锥 / 151

进阶读物 / 165

第 1 章
骰子：学问不小，魅力更大

骰子……它们看上去如此之简单，不过是上面刻着数字的小小立方体而已。古人将它们用于赌博，有时又相信它能传达神灵的旨意。骰子的数学只是近代的产物，部分是由于人们的一种更深入的理解：机遇有其自身的规律，倘若你想知道怎样去寻找机遇，那就需要了解这门学问了。

多边形与时间困境

　　在英文中,骰子的单数名词是die,但人们更熟悉的是它的复数名词dice,它是一种最古老的赌博工具。罗马帝国的历史学家希罗多德(Herodotus)断言,骰子是在国王阿图斯(Atys)统治时期由吕底亚人引进罗马的,不过索福克勒斯(Sophocles)①不同意这种说法,他相信骰子是在特洛伊围城期间,一个名叫派拉米德斯(Palamedes)的希腊人发明的。这听起来似乎很合乎情理,因为希腊人围住特洛伊城,久攻不下,感到十分无聊,发明骰子就是为了提供消遣。

　　尽管以上说法言之有理,但纯属子虚乌有。骰子的发明权必须归于别人。考古学家们在公元前600年左右的中国古墓中就发现了骰子,在公元前2000年左右的埃及古墓中也发现了立方体形状的骰子,它们实质上同今日所看到的骰子几乎没什么两样。另外一些人的发现甚至可以追溯到公元前6000年。看来骰子属于从许多不同的文明中独立产生出来的基本用品之一。然而,骰子的形状并不是独一无二的立方体。各种形状以及刻着各种奇怪记号的骰子都曾经被使用过,使用者中有北美洲的印第安人和南美洲的古文明种族如阿兹特克人、

---

① 他是古希腊悲剧作家。——译者注

玛雅人、波利尼西亚人、伊努特人等，以及许多非洲土著部族。制造骰子的材料也是品种繁多、无奇不有，从海狸的牙齿到陶瓷。在"地牢与毒龙"游戏中所使用的骰子，其形状不是小立方体，而是别的正多面体。

骰子就是这种不足挂齿之物，但它们的可能性却几乎是无限的。

为了防止本章在全书中过于喧宾夺主，我想把注意力集中在标准的现代骰子上。它们当然是立方体形状的，通常都有着匀称的边与角。基本特征是：在每一面上都刻着一些点，点数分别为1，2，3，4，5，6。相对两个面上的点数之和为7，这样，六个表面就可以分成三对：1与6，2与5，3与4。从立方体的旋转来看，具有上述性质的配置方式不多不少，正好有两种（见图1.1），它们互为镜像。实际上，现在所有西方国家生产的骰子都采用图1.1(a)的形式，也就是说，平面1，2，3要按逆时针方向绕着它们的公共顶点回转。我被告知，在日本，取这种右手螺旋定则的骰子被用于一切游戏，但麻将除外，麻将骰子要改用图1.1(a)的镜像图1.1(b)。东方各国的骰子往往用很大的一点来表示数字1，有时还改用红点，不用黑点，这一切都随不同文化而变。

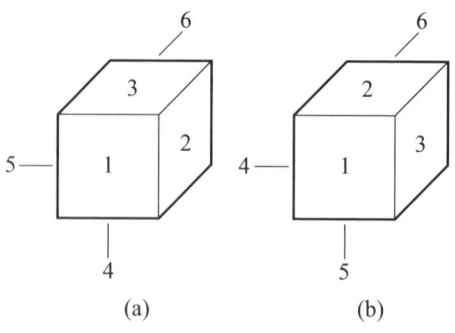

图1.1 骰子表面上的两种不同刻法

掷骰子一般都要用两颗,决定胜负的关键在于得出总点数的概率。为了计算这些概率,必须假定骰子都是"公正"的,即每一面都有 $\frac{1}{6}$ 的概率作为顶面出现,由这个基本假设出发,我们可以计算究竟有多少种方法可得出一个给定的总点数。在求出这一结果之后,再除以36,就可得到一对骰子掷出该总点数的概率。为了方便起见,不妨认为两颗骰子中,一颗是红骰,另一颗是蓝骰。那么,和数12点的出现只存在一种可能性:红骰掷出6点,蓝骰掷出6点,因而得出和数为12点的概率是 $\frac{1}{36}$。另一方面,和数11点的出现可以有两种情况,即红骰掷出6点,蓝骰掷出5点,以及红骰掷出5点,蓝骰掷出6点,从而求得其概率为 $\frac{2}{36} = \frac{1}{18}$。

此种推理看来十分显而易见,但通常骰子是很难区分的,至于将它涂上颜色,就更加是"人为"的了。有讽刺意味的是,伟大的思想家、数学家与哲学家莱布尼茨(Gottfried Leibniz)居然认为掷出11点与掷出12点的概率肯定是一样的。他的论证如下:只有一种办法可以得出11点,一颗掷出6点,另一颗掷出5点。对于其他问题,他也有这类想法。然而,它同实验结果完全不符,背离了事实。实际上,掷出11点的机会几乎是掷出12点的2倍。另一个不合理的地方是,这种推理将会得出两颗骰子掷出**某个**和数(不管它是什么)的概率竟会比一颗骰子掷两次得出该数的概率小。倘若你们不喜欢这样的解释,那么它又意味着,掷出12点的概率要大于 $\frac{1}{36}$。

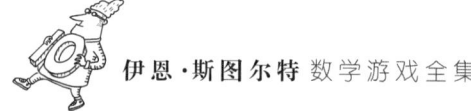

两颗骰子可掷出2点至12点,图1.2给出了所有的概率值。在一种起源于19世纪90年代的掷骰子赌博中,图上这些概率的直觉感受至关重要,起着决定性的作用。一个玩家作为庄家拿出一笔钱来作为赌注,另一些人则力图使这笔钱跑到他们自己的口袋中去。这些赌徒也各自拿出一些资金来作赌资。如果这些凑起来的份子钱少于庄家的赌注,那么庄家就拿掉一些,以使双方的投入数额正好相等。然后庄家就开始掷骰子,如果第一次掷出7点或11点(称为"本位"),庄家就立即赢了;要是掷出2点(称为"蛇眼")、3点或12点(称为"废物"),庄家就马上输;如果不属于上述两种情况,掷出的点数为4,5,6,8,9,10中的一个,那就算是庄家的"点数"。然后他继续掷骰子,目标是在他掷出7点("破局")之前,再次重现他的"点数"。如果他做到了就算

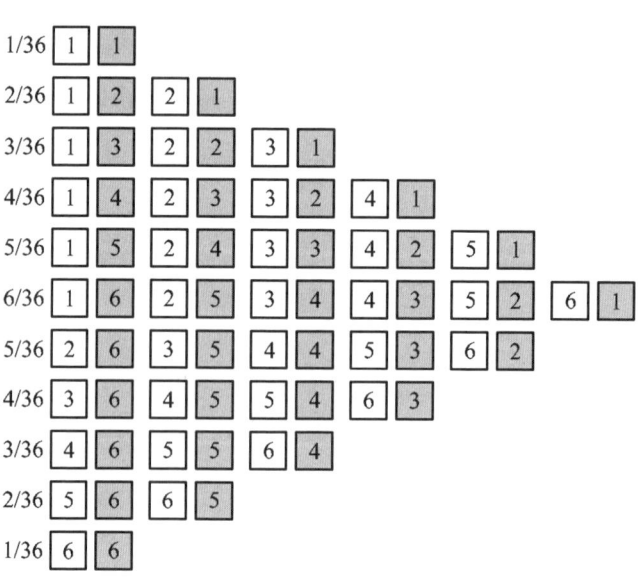

图1.2 两颗骰子掷出的点数的概率

赢,做不到就算输。

根据图1.2所给出的概率,再加上其他一些考虑因素,不难算出庄家赢钱的机会是$\frac{244}{495}$,即大约是49.3%,略小于"对半分"(50%)。看似对庄家不利,然而职业赌徒却能通过两种手段,把不利转化为有利。第一种办法是利用他对概率的超级敏感能力,接受或谢绝局外人的各种"追加"赌资。另一种办法则是纯粹的欺骗,使用精心制作过的骰子来作弊。

给骰子"做手脚"的办法不少。它们的表面经过精心修刮之后,角就不是直角了,还可以给有的骰子"加重"。所有这些手段的目的,都是为了使某些点数出现的可能性比别的点数更大。更彻底一些,可以把标准骰子改造成稳操胜券的"王牌"骰子,这种花招也有好几种名堂。例如,一颗骰子上只有三种不同的点数,相对的两个面上点数相同。图1.3就画出了只有1,3,5点的骰子。由于每个玩家在任一瞬间至多只能看到骰子的三个表面,又因任何两个相邻表面的点数都不一样,故而在仓促的一瞥之下是看不出什么异样的。然而,这种刻法并

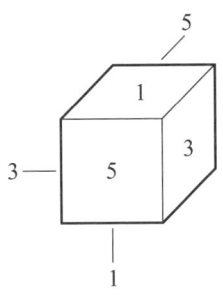

图1.3　欺人的"王牌"骰子

不能保证在各个顶点都有"正确的"转向。譬如说,在环绕某一顶点时,1,3,5的绕行是按逆时针方向的,则在其相邻顶点处,1,3,5的绕行肯定是按顺时针方向的。图1.3所示的情况就是这样。精明的玩家会识破这种伎俩。

运用"王牌"骰子有多种目的。譬如说,两颗1,3,5骰子是永远掷不出7点的,所以使用这对骰子的庄家永远不会出局。一颗1,3,5骰子与一颗2,4,6骰子在一起是永远掷不出偶数来的,所以利用这对骰子的庄家,不可能掷出4,6,8或10的点数。当然,精明的庄家只是偶尔用一用"王牌"骰子——即便最迟钝的玩家最终也会怀疑何以他们老是掷出奇数。做过手脚的骰子只能用迅速调包的手法快进快出,使机会略微朝着对庄家有利的方向偏移。除此之外,还有一种"一度重现"的骰子,这时仅有一个点数出现两次。总而言之,对职业赌徒来说,识别骰子上面的点数安排是至关重要的基本功,能帮助他们察觉出"王牌"骰子。

许多戏法或社交宴会上的游戏也时常用到骰子。大部分骰子都遵循一条不成文的规定:对面的点数之和应该等于7。加德纳在其著作《骰子与棋盘上的马》[①]中提到了一个有趣的游戏。魔术师背过身,请一位观众抛掷三颗标准骰子,把面上的点数加起来。接着,魔术师让这位观众随便捡起一颗骰子,把它底面的点数加到总点数上。最后,这位观众再掷一次那颗骰子,把掷出的点数加到总点数上。这些

---

① 《骰子与棋盘上的马》,马丁·加德纳著,黄峻峰译,上海科技教育出版社,2020年。——译者注

动作完成之后，魔术师转过身来，立即说出了结果——尽管他根本不知道这位观众当初捡起的是哪颗骰子。

这个戏法的窍门何在？设想骰子掷出的点数为 a,b,c，当初观众捡起的骰子点数为 a。开始时的和数为 $a+b+c$，在这上面加 $7-a$，从而就有了 $b+c+7$。然后点数为 a 的骰子再次被抛掷，设得出的点数为 d，那么最后的结果是 $d+b+c+7$。魔术师转过身后对骰子瞥了一眼，他看到的三颗骰子的点数是 d,b,c。因此，他只要快速心算一下总和 $d+b+c$，然后再加上 7。

英国谜题大家杜德尼（Henry Ernest Dudeney）在他的著作《亨利·杜德尼的数学趣题》（Amusements in Mathematics）中提到了另一种不同性质的骰子游戏。魔术师还是在转过身的时候要求一名观众掷三颗骰子。这次他要求这位观众把第一颗骰子掷出的点数乘以 2 再加 5；再把结果乘以 5，并加上第二颗骰子的点数；然后将结果乘以 10，并加上第三颗骰子的点数。当观众刚说出最后的答数，魔术师便立即猜出了三颗骰子掷出的点数。这一戏法其实不难，按照所说的操作，结果自然应该是 $10[5(2a+5)+b]+c$，即 $100a+10b+c+250$，因而魔术师只要把最后的答数减掉 250，所得差数的三位数码便是三颗骰子掷出的点数了。

涉及骰子的游戏并不是非要有随机元素不可。有一个游戏，开始时，两位玩家可任意选定一个"目标数"，例如 40。第一位玩家在桌子上放一颗骰子，选好一面向上——例如 3 点，以此作为一系列滚动总数的起点。第二位玩家现在将骰子转过 $\frac{1}{4}$ 圈——此时与 3 点相邻的 4 个点数（1 点、2 点、5 点或 6 点）之一将朝上，不管出现哪一个点数，都将其

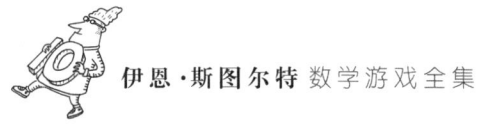

加到滚动总数上去。譬如说,第二位玩家转动骰子,使顶面点数为2,这时,滚动总数就变成了3+2=5。然后两位玩家根据各自的意愿轮流转动骰子,每次转过$\frac{1}{4}$圈。滚动总数随之越来越大,谁率先超越了目标数,他就输了。

在本系列的另一本书《树神与冒险的生意》里讲到了用一个系统的方法来分析这类游戏,讲得很详细,读者们可以一读。我的想法是,把游戏的局势分为"败""胜"两类,然后利用下列两个原理,从结尾倒推上去:

·如果从目前局势出发,走**任何**一步都会导致对方取胜,那么目前的局势就是一个败局。

·如果从目前局势出发,走出**某**一步后能导致对方失败,那么目前的局势就是一个胜局。

譬如说,倘若目前的滚动总数为39,而骰子的顶面上出现的是1点,那么下一位玩家无论作何选择都将超过40,因而这种局势就是一个胜局。为了真正**取胜**,你必须审慎行事,稳扎稳打。

在进行计算时,着眼点最好放在当前的滚动总数与目标数之差上面——也就是当前的"有效目标"。从上面的例子来看,有效目标就是40-39=1,不管下一个玩家怎么操作,滚动总数必将超过它。反之,如果骰子顶面出现的是2点,而有效目标为1,那么下一个玩家就可以把骰子转到1点从而取胜。

表1.1总结了游戏的各种局势,所取的有效目标在1到25之间。表格的纵表头是所谓的"局势"——骰子顶面上的点数,横表头则是有

效目标。表身的每一纵列中,要么用L表示必输无疑,要么用数字表示应该怎样去操作才能到达胜局。请注意:局势1与6的效果是一样的,因为它们都有同样的四种可能走法:2,3,4,5。局势2与5、局势3与4,情况也类似,因而纵表头只有3行。

表1.1 有效目标1—25时的局势

局势	有效目标												
	1	2	3	4	5	6	7	8	9	10	11	12	13
1或6	L	2	3	4	5	3	234	4	L	5	23	34	4
2或5	1	1	3	4	L	36	346	4	L	1	3	34	4
3或4	1	12	L	L	5	6	26	L	15	2	L	L	L

局势	有效目标											
	14	15	16	17	18	19	20	21	22	23	24	25
1或6	5	3	234	4	L	5	23	34	4	5	3	234
2或5	L	36	34	4	L	1	3	34	4	L	36	34
3或4	5	6	2	L	L	15	2	L	L	5	6	2

我把表格列出,并特别强调其主要特征:纵列17—25与纵列8—16是一模一样的。一旦建立起这种模式之后,就必然会无限重复,因而纵列26—34,35—43,44—52也将会与纵列8—16一模一样。原因在于,任何操作至多只能把有效目标减少6,所以每一纵列里面的数字只能取决于在它左边的6个纵列。因而,当前面出现一个连续6列(或更多列)的板块重复时,模式必将无限重复其自身。

在所有这类游戏中,出现重复自然是在意料之中,因为可能的纵列只能是有限多个。但我们也算是交上了好运,重复板块来得如此之

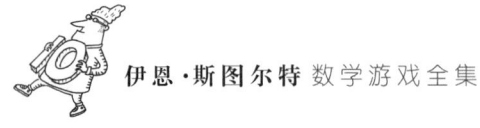

快,而且又是如此之短。我们终于得到了一个完整的取胜策略,但它远远谈不上直观易懂。现在你只要将选定的目标重复减去9,直到结果落入0—16里,然后检索一下表格,看看那个局势是败还是胜——倘若它是个可胜的局势,那么你只要按表格去操作就行了。

譬如说,目标是1000,重复减9以后,我们把它降到了19,由于它仍然大于16,于是再减一次,最后我们停在了10。纵列10告诉我们,一定存在着取胜的操作。若局势为1或6,则我们可以转动骰子,使5点在上;若局势为2或5,则把骰子转到1点;若局势为3或4,则将骰子转到1点或5点。只要按照此种方式反复操作,最后保证你一定会胜。

如果你运气不好,初始状态是个必败之局,那也不要紧,你可以寄希望于你的对手并不知晓这种游戏的获胜策略。不妨随便走一步,等待对手犯错,并反复进行计算。除非天不遂人愿,否则你迟早会碰上一个可以获胜的局势。一旦取得了优势,你就可以完全掌控这个游戏了。只要花上一些功夫,你不难把整个表格记在心里。要是感到全部背出来不容易,你也可以只记住每个状态的一个获胜操作。实际上,只要你的脑子比较机灵,第11列以后的各个纵列可以统统不必理会,需要死记硬背的数量减到了极小,熟练掌握它也就不难了。

其他的骰子问题为数不少,骰子表面刻的点数也会同标准刻法不一样。也许最违反直觉的是"打破传递律"的骰子。让我们制造三颗骰子,上面刻的点数如下:

A:3,3,4,4,8,8

B:1,1,5,5,9,9

C:2,2,6,6,7,7

每人选一颗骰子,比掷出的点数大小,点数大的人获胜。那么,经过长时间的掷骰子,骰子B将击败骰子A。这是因为骰子B掷出的点数比骰子A大的概率是$\frac{5}{9}$。类似地,骰子C将击败骰子B,其概率也是$\frac{5}{9}$。那么,骰子C也将击败骰子A,对吗?错,是骰子A将击败骰子C,概率是$\frac{5}{9}$。表1.2将证明上述断言,表中列出了每一种对阵情况下的胜者。譬如说,B与C对阵,我们可以看一下第二种情况。如果B掷出5点,C掷出6点,那么胜者应该是C,于是在纵列5、横行6的交叉处填上一个C。其他掷出的点数也将获胜者填入交叉处。

可以看到,第一种对阵情况下有5个B,4个A,因而正如我所说的,骰子B将以$\frac{5}{9}$的概率击败骰子A。第二种对阵情况下有5个C,4个B,故而骰子C将击败骰子B,概率也是$\frac{5}{9}$。在第三种对阵情况下有5个A,4个C,所以骰子A将以$\frac{5}{9}$的概率击败骰子C。

表1.2 每一种对阵情况下的胜者

	A	3	4	8
B				
1		A	A	A
5		B	B	A
9		B	B	B

(1)

	B	1	5	9
C				
2		C	B	B
6		C	C	B
7		C	C	B

(2)

	C	2	6	7
A				
3		A	C	C
4		A	C	C
8		A	A	A

(3)

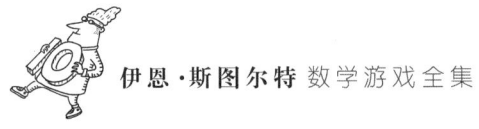

你可以利用这套骰子发一笔小财！让你的对手任意挑选一颗骰子，然后你选一颗可以打败它的骰子（在长时间运作时获胜的概率超过50%）。经过反复抛掷，你将在全部比赛中获得55.55%的胜算概率，而你的对手也输得心服口服，因为他事先选择了自认为"最好的"骰子！

但是，我要在此说一句告诫的话：不应该**过分**信赖概率论而忽视**仔细**审定游戏规则。下面说个故事给你听听。在埃克兰(Ivar Ekeland)的那本妙不可言的小书《分裂的骰子》(*The Broken Dice*)里讲了一个故事：两位北欧的国王用掷骰子来解决一个有争议的岛屿的领土归属问题。瑞典国王用两颗骰子掷出了两个6点，于是他夸下海口，这个结果是不可战胜的，所以挪威国王奥拉夫(King Olaf)不必争了，还是放弃为好。奥拉夫咕哝了一会儿，并不认输，扬言他也能掷出两个6点来。他袖子一卷，甩手一掷。果然一颗骰子掷出了6点，而另一颗骰子裂成了两颗，其中一半是1点，另一半是6点，总数竟然得出了13点！所有这些都表明，你的想法能否实现将取决于问题的模式是否合适。

如果上述故事是真的，那么奥拉夫国王真是撞大运了。不过也有人认为，那完全是奥拉夫一手操纵的骗人伎俩。

多边形与时间困境

问　题

　　你能否想出一种办法,在两颗骰子的各个面上刻上0,1,2,3,4,5,6中的某个点数,使掷出1点到12点的概率统统相等?

反馈信息

对本专栏1997年11月份刊出的"一套三颗打破传递律的骰子"一文,许多读者来信述说了自己的变通办法。我在该文中所说的刻法为:A(3,4,8),B(1,5,9),C(2,6,7),每个点数刻两次,这样一来,骰子B就能以$\frac{5}{9}$的概率击败骰子A,骰子C能以$\frac{5}{9}$的概率击败骰子B,而骰子A也能以$\frac{5}{9}$的概率击败骰子C。

美国佛罗里达州盖海林市的特雷派(George Trepal)来信发表了意见:

这些点数通过合理安排,可以成为幻方。这是一些自然数形成的方阵,其行、列及对角线上的元素之和全都相等。例如:

8	1	6
3	5	7
4	9	2

不仅如此,这里还存在一个奇妙的"对偶性质"。如果把幻方各行的数目刻在骰子上,譬如

说，A(8,1,6),B(3,5,7),C(4,9,2),同样也是每个点数刻两次(因为你习惯于使用六面体的骰子)，那么结果也同样会打破传递律:骰子A以$\frac{5}{9}$的概率击败骰子B,骰子B以$\frac{5}{9}$的概率击败骰子C,骰子C以$\frac{5}{9}$的概率击败骰子A。

如果将三阶幻方变更为下面的形式：

8	1	9
7	6	5
3	11	4

此时,结果将显著不同,十分有趣。仍然把各行的数目依次刻在骰子A,B,C上,那么,骰子A以$\frac{6}{9}$的概率击败骰子B,骰子B以$\frac{6}{9}$的概率击

败骰子C,但骰子C击败骰子A的概率则是$\frac{5}{9}$。如果把各列的数目依次刻在骰子A,B,C上,那么,骰子A以$\frac{5}{9}$的概率击败骰子B,骰子B以$\frac{5}{9}$的概率击败骰子C,骰子C以$\frac{5}{9}$的概率击败骰子A。

我最好的一套骰子是按照$\frac{6}{9},\frac{6}{9},\frac{5}{9}$模式来设计的,这三颗骰子使用的数字最小,它们是A(1,4,4),B(3,3,3),C(2,2,5)。

芝加哥大学的尤西斯金(Zalman Usiskin)自问自答,提出并解决了一个自然出现的问题。

能否设计出一套获胜概率相等且大于 $\frac{5}{9}$ 的骰子?说得更确切一些,如果给出三颗打破传递律的**灌铅**骰子,那么最大的可能获胜概率 p 是多少?这里所说的"灌铅"骰子,意思是指,骰子各个表面出现的概率不一定要相等。

本问题的答案相当有意思,一个著名的数将登场亮相,它就是黄金分割比

$$\phi = \frac{1+\sqrt{5}}{2}$$

设想:

骰子A掷出4点的概率为 $\phi-1$,掷出1点的概率为 $2-\phi$;

骰子B的各面全部刻3点;

骰子C掷出2点的概率为 $\phi-1$,掷出5点的概率为 $2-\phi$。

这样一来,骰子A将击败骰子B,骰子B击败骰子C,骰子C击败骰子A,概率统统都是φ-1,近似值约为0.618,此数值明显大于$\frac{5}{9}$=0.5,它就是可能得到的最大优势了。

其实并不一定要使用灌铅骰子作弊,可以改用多面体的"合法"骰子。只要精密计算,将某些数目适当重复,照样可以得到高度近似的结果。譬如说,如果我们使用一套三颗正二十面体的骰子,那么可以做到$\frac{12}{20}$ = 0.6的获胜概率,方法如下:

骰子A:在12个面上刻4点,8个面上刻1点;

骰子B:所有20个面上都刻3点;

骰子C:在12个面上刻2点,8个面上刻5点。

多边形与时间困境

答　案

为使两颗骰子掷出1点到12点的概率统统都一样,必须在一颗骰子的六个表面上分别刻1,2,3,4,5,6点,另一颗骰子上刻0,0,0,6,6,6点。

第 2 章
探索多边形的秘密

数学里一些最困难的问题往往是由日常生活引发的。谁会想到，搭建篱笆的简单事情竟然会产生迄今无人能够解决的复杂问题！

数学里有一个非常诱人的分支名叫组合几何,其中充满了简单却无人能够解决的问题,这类问题的目标是要找出直线、曲线或其他几何图形的某种适当组合,以便通过最有效的方式来达到某项目的。例如,所谓的"虫妈妈的毯子问题"①要求人们解答:一条单位长度的曲线,不论其形状多么复杂,总能够覆盖它的面积最小的区域应该有怎样的形状?尽管目前已经提出了许多图形作为问题的候选答案,然而没有一个图形能证明的确是面积最小的,该问题甚至有可能根本无解。对游戏数学家们来说,这类问题俯拾皆是,有广阔大地可以进行实验,发挥他们的想象力。即便无法证明某些特定图形是最优解,通常还是能够对以往所求得的结果作出一些改进。

本章将集中讨论一个名为"不透明正方形"的趣题,以及它的若干引人入胜的变化。促使我注意该问题的人是来自德国科隆的数学家卡沃尔(Bernd Kawohl),下面的讨论基于他寄给我的一篇论文。不妨设想你拥有一块正方形的土地,为了简单起见,假定正方形的边长是单位长度。出于某种心照不宣的原因(譬如说,保护你的隐私),你需

---

① 请参阅本系列的《无穷大与衔尾蛇》的第1章。——译者注

要在土地上搭建一道篱笆,以便将穿过土地的任何一道视线都挡住。另外,为了省钱,你还希望篱笆造得越短越好,但前提是必须挡住任何一道视线。请问,你的篱笆究竟应该如何搭建?

篱笆可以按照你的心愿,搭得非常复杂,有不同形状的若干块,并根据你的意愿连起来。篱笆的形状可以是曲线的,也可以是直线的。实际上,它可以取任何形状以满足"长度"概念的某些拓展与推广。

也许最明确、最浅显的解法就是围绕正方形的周边来搭建篱笆,这时,总长度为4[见图2.1(a)]。但稍加思索即能有所改进:不妨留出一边,造一道方角的U形篱笆[见图2.1(b)],这时的总长度就能减少为3。如果我们事先规定篱笆必须是一条**完整**的折线或曲线,那么这就是最短的篱笆了。为什么可以这样说呢?因为任何使得正方形不透明的篱笆都必须包含4个直角顶点(否则就会有一束视线穿过一个顶点),而最短的、包含所有4个顶点的简单曲线是由正方形的三条边组成的。

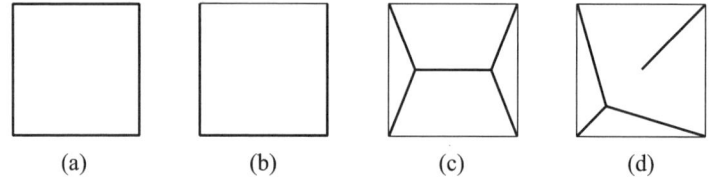

图2.1 环绕正方形的不透明篱笆

但是,确实存在一道更复杂的篱笆,其长度仅有1+√3=2.732,如图2.1(c)所示。这时,所有线段的夹角全都是120°。此种形式的篱笆配置叫作斯坦纳树,人们早就知道,120°角使树图的全长为最短①。因

---

① 请参阅本系列的《萤火虫与复活洗牌法》的第2章。——译者注

此,这种构造就形成最短的连通篱笆。不过,事情并未到此结束。如果我们允许篱笆可以有几个不相连的条块,那么,总长度还可以进一步减少到2.639,如图2.1(d)所示。此时,图的左下角各线段之间的夹角仍然是120°。这一个最后的修正已经被普遍认为是最短的不透明篱笆了,然而迄今无人能证明。

更进一步说,甚至没有人能够证明真的存在最短的不透明篱笆。存在性证明的最大难点在于,只要把篱笆搞得越来越复杂,长度就有可能越来越短。法贝尔(Vance Faber)与梅切尔斯基(Jan Mycielski)已经给出证明,对任何给定个数的连通组件来说,的确存在一种最短的不透明篱笆。然而人们还是不知道,随着组件个数毫无节制地无限递增,所谓的最小长度是否会变得越来越短;也不知道一个有着无限多组件的篱笆,是否能够"摆平"所有只有有限多组件的篱笆。尽管上述两种情况中的任何一种都不大可能出现,但可能性从未排除。

在两个组件合成的篱笆中,图2.1(d)确实是最短的。对此,卡沃尔已经给出一个很漂亮的证明。首先,他证明篱笆的一个组件必须包含正方形的3个直角顶点,而另一个组件则必须含有余下的一个直角顶点。于是,第一个组件必须是连接3个顶点的最短斯坦纳树,而这就是图的左下角所显示的形状。这种形状的凸区域——包容它的最小凸区域——就是沿着一条对角线将正方形切为两块时所形成的三角形。第二个组件必须是把第4个直角顶点连接到该三角形的最短曲线,显然就是从直角顶点沿着对角线通到正方形中心的线段。

如果土地不是正方形,而是其他形状,情况又如何呢?倘若这块土地是一个等边三角形,则最短的不透明篱笆是一棵斯坦纳树,即把三角形中心与三个顶点分别连接所形成的线段[见图2.2(a)]。如果土地的形状是一个正五边形,则已知的最短不透明篱笆有3个组件,如图2.2(b)所示。其中的一个组件是连接五边形3个相邻顶点的斯坦纳树,第二个组件则是把第4个顶点与包含前3个顶点的凸包相连的直线段,而第三个组件则为把最后1个顶点与前4个顶点所形成的凸包连接起来的直线段。目前同样不能证明这个篱笆的长度为最短,但人们找不到比它更短的不透明篱笆。

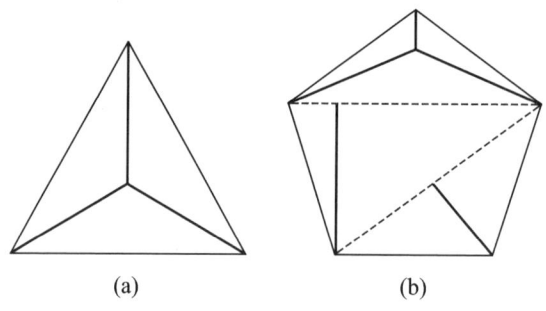

图2.2 正三角形与正五边形土地的不透明篱笆

对正六边形来说,已知的最优解有些类似。由于正六边形的内角等于120°,因而斯坦纳树实际上就是正六边形的几条边。事实上,它由3条邻边组成,把4个相邻顶点连接起来。这样一来,篱笆的第二个组件便是将第5个顶点与前4个顶点所形成的凸包连起来的最短线;而第三个组件则是将第6个顶点与前5个顶点所形成的凸包连起来的最短线。

多边形与时间困境

问　题

你能把正六边形的篱笆搭建法推广到正八边形土地吗?

一个有着很多条边的多边形,其形状接近于圆。现在我们要提出一个问题:怎样构建长度最短的篱笆,使圆变得不透明。通过合理选择单位,不妨假定问题中的圆的半径为单位长度。于是,人们心中马上就会想到最简单的篱笆自然就是圆周了,其长度为2π≈6.283[见图2.3(a)]。不过,如果准许篱笆搭在私有土地的外面,那么上述结果还可以改进,我们有可能干得更好些。把整个圆周去掉一半,只留下长度为π的半圆,然后在半圆的端点处作两段长度为1的圆的切线,使之形成一个U的形状[见图2.3(b)]。这就形成了一个不透明的篱笆,其长度为π+2≈5.142。

如果我们坚持要求篱笆必须是一条简单曲线——没有分叉而且必须连成一气的话,不难证明图2.3(b)就是可能存在的、长度最短的篱笆了。事实上,还有另一种办法可用来说明它的"不透明"性[①]。设想有一根笔直的管子或电话线要在距离某个特定点1个单位长的范围内穿过,试问:在保证上述要求得到满足的前提下,我们能挖掘的最短地沟的长度是多少?我们知道管子必须穿过单位圆,从而必然会碰到该

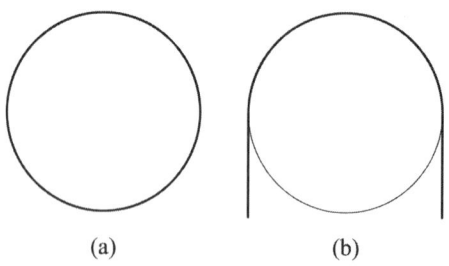

图2.3 圆形地块上的不透明篱笆
(a)圆的半径为1,圆周长为2π;(b)较短的篱笆,长度为π+2

① 请参阅本系列的《搬桌子与大富翁游戏》第6章。——译者注

圆的不透明篱笆,因而我们就要去挖掘类似不透明篱笆的地沟。

就本问题的变相提法(挖地沟)而言,人们自然会考虑把沟挖在圆的外面。不过,通常篱笆总是应该搭建在产权所有者自己的土地上,不能搭到邻居家去。卡沃尔现已证明,完全搭在单位圆内部的、最短的不透明篱笆,其总长度也可以不大于 $\pi+2$。他的方法是先考虑一个有偶数条边且边数极多的多边形,其形状近似一个单位圆。然后他通过三角计算,证明这种篱笆的长度接近图2.2。随着多边形边数的增多,最后的长度越来越接近 $\pi+2$。只要所取的边数足够大,两者的差异完全可以满足我们的要求:要它多小,它就多小。

对业余研究者来说,值得进一步探讨的问题有的是。上述猜想中的篱笆真的是最短的吗?有没有办法使之更短?对猜想中的解法,有什么可以证明的吗?对其他图形——譬如说,任意多边形(凸或非凸)、椭圆、半圆……情况又将如何?对于三维空间中的同类问题,譬如说,不透明立方体或不透明球,情况又怎样呢?当然在此种情形下,所考虑的主要目标是使篱笆的总面积最小。

反馈信息

加德纳在1990年提出了不透明立方体与不透明球的问题,萨斯奎汉纳大学的布雷克(Kenneth A. Brakke)在1992年研究了该问题,请参阅进阶读物。对单位立方体而言,布雷克所得到的最好的结果是:面积为4.2324。

答　案

　　如图 2.4，用一条连接两个相对顶点的直径将正八边形一分为二。于是，篱笆的第一个组件便是位于某半边的所有各边，不妨称之为半多边形，就像半圆之于圆的关系。至于第二个组件呢，应当就是连接下一个顶点与第一组件所形成的凸包的最短线；而第三个组件应为连接再下一个顶点与前面两个组件所形成的凸包的最短线；用类似方法得到第四个组件，完成篱笆的建造。

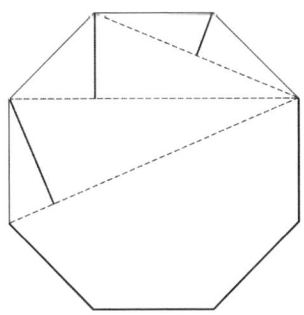

图 2.4　正八边形土地的不透明篱笆

第 3 章
连成一气,你就赢了

有些数学游戏的数学气息真是特别浓厚。就事论事，没有比纳什棋[1]更好的例子了。你要做的事情只是把你的棋子放到蜂窝形的棋盘上，把相对的两边连起来就行。简单透顶？可是有整整一本书在探讨这门棋艺哦。

---

[1] 英文为Hex，正六边形的缩略词，由于这种棋是由数学家纳什(Nash)发明的，现习惯称之为纳什棋。——译者注

多边形与时间困境

一位丹麦诗人兼数学家与一位诺贝尔奖获得者之间会有什么共同之处？原来，他们各自独立地发明了最佳的数学桌面游戏之一。现在，人们通常把它叫作纳什棋（Hex），然而它的早期形态有着各式各样的名称。布朗（Cameron Browne）的著作《纳什棋策略》（*Hex Strategy*）对它作了全面介绍并分析了取胜之道。纳什棋绝不亚于最前卫的计算机游戏，足以使你上瘾，让你的头脑获得最有刺激性的智力锻炼。

纳什棋是一种两人游戏，它的棋盘由正六边形网格组成，其形状为菱形（见图3.1）。标准棋盘的大小为11×11，但其他尺寸的棋盘也完全可以用作游戏道具。每位玩家都"拥有"棋盘的一组对边，角上的4只格子则属于共同财产。两位玩家，一人使用黑子，另一人使用白子——使用东方传统的围棋①棋子是最理想的。

纳什棋的游戏规则简单得令人吃惊。两位玩家轮流把他们的一颗棋子放到棋盘的空格上——至于究竟是谁先走，可由抛掷一枚硬币或者用双方同意的其他办法来决定。如果一位玩家能建立起一条连

---

① 原文为"game Go"。围棋在日文中叫作碁，其发音即为Go。西方人的围棋知识大都学自日本，很少有人知道围棋的真正起源是在中国。——译者注

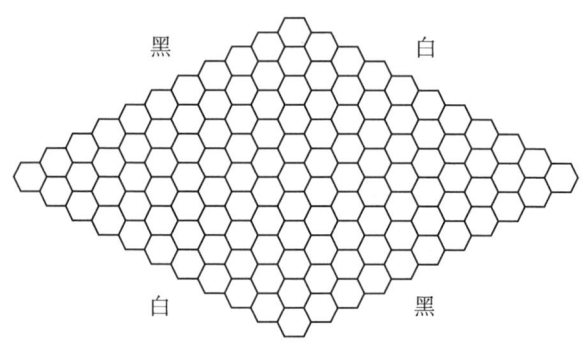

图3.1　纳什棋的棋盘

续的棋子长链把属于他的两边连通起来,那么他就赢了。这条长链可以有多余的棋子,有旁路或分岔,也可以有环,而且不用把自己这一方的全部棋子统统连起来。唯一要求做到的是必须有一串棋子形成一条通道,把自己的两边连起来。这个要求听起来似乎十分简单,然而这却是个假象。实际上,纳什棋是一种需要高度技巧的游戏。

首先发明纳什棋的是丹麦数学家海恩(Piet Hein),他以善写短诗[所谓的"格罗克"(grooks),一种丹麦风格的押韵小诗]闻名,时常有一些不落俗套的思想。他把这种游戏称为"多边形棋",它在1942年12月26日的丹麦《政治报》(Politiken)上初次出现。

数学家纳什(John Nash)在1948年又独立地创造了它,那时他是美国普林斯顿大学的研究生。1969年纳什荣获诺贝尔经济学奖,说得更确切些,应该称为纪念诺贝尔(Alfred Nobel)的瑞典银行经济学奖。纳什的成就是博弈论中的"纳什均衡"思想,而他的生平也成了传奇影片《美丽心灵》的主要题材。该片于2001年正式放映,好莱坞影星克罗

(Russell Crowe)出演主角纳什,赢得了4项奥斯卡大奖。在普林斯顿大学的校园里,这一游戏就称为"纳什棋",有时也叫"约翰棋"——因为人们经常在厕所的六边形瓷砖上玩这种棋。①

20世纪50年代中期,加德纳在他的数学游戏专栏里写了篇文章介绍纳什棋,后来,此文被收入他的著作《悖论与谬误》②。几乎一夜之间,在全世界每一所大学的数学系都刮起了一阵旋风。1968年,我大学毕业后进入英国沃里克大学,我们这帮人创办了一本名叫《流形》(Manifold)的数学杂志,在第一期的封面与封底上就画着纳什棋游戏的棋盘(前后各画了半幅),中间则登着文章。不过,加德纳先生为《科学美国人》杂志的读者撰写文章已有40多年了,所以我在想是时候把它介绍给新一代读者了。

一些简单的数学分析有助于阐明游戏的本质。由于棋子落下后就永远不会被拿掉,可见总的步数是有限的,对11×11的棋盘而言,至多只有121步。一位玩家用棋子连起相对两边的通路必然封杀了另一位玩家的通路,这个看来似乎非常直观(但证明起来却不见得十分简单)的事实足以表明:或此或彼,最终总有一位玩家必然会赢。我们的基本论点是:要想阻止黑方形成一条获胜通路的唯一办法就是,白方自己先连出一条通路。

证明下列"明显不过"的事实是一个有趣的挑战:如果棋盘被黑、白棋子统统填满,那么必然会有一种颜色的棋子把两个对边连接起

---

① 在美国口语中,时常把"厕所"称为"约翰"(John)。——原注
②《悖论与谬误》,马丁·加德纳著,封宗信译,上海科技教育出版社,2020年。——译者注

来。显然不可能两种颜色的棋子同时做到这一点,因为两条长链肯定要互相交叉。换一种说法,道理也同样明显。倘若黑色棋子不能把相对的两边连接起来,那一定是由于白色棋子的长链在中间挡了路。然而,说说容易,给出一个完整的证明可不简单。为了便于证明,假定黑色棋子不能形成一条连接两边的链式通路。考虑黑色区域的一个"分支"——与一条黑边连接的所有黑色棋子。现在来看看这一区域的"边界",即与之毗邻的插在其中的白色棋子。很明显,这一白色棋子的集合必然能连接两条白边……然而,为什么呢?

由于上述证法难度太大,我们不妨另想办法,证明玩游戏的一方必有一个取胜策略,自然就容易推出上述断言了。实际上,可以证明,**先走者**只要玩得好,他一定能赢。纳什发现的证明利用的技巧名叫"盗用策略"。假设白方先走,而且后手(黑方)有一个必胜的策略。如果这个假设成立,那么白方可以运用无限的脑力来想出那个策略,然后用这种所谓的后手取胜策略**击败**黑方,办法如下:白方随意走一步,并立即忘掉它。然后她装作是黑方开的局,而她是后手。不管黑方怎么下,白方都可以用后手的最优策略去应对。不过,这里有个细节值得提醒。有时候,最优策略要求她下一子在已经被她"置之脑后"的第一次落子的地方。即便如此,那也不要紧:因为需要下子的地方已经被一颗白棋占据了,故而已经满足了最优策略。她只要随便走一步,把棋子放在空白位置就行,而这颗棋子随即变成了新的"被忘却"的棋子。

按照此种方式走下去,白方肯定能赢。然而,现在我们发现自己处于一种微妙的境地:在盗用了所谓的后手取胜策略后,不管黑方采取何种走法,白方先走却还是赢了。走出这个逻辑死胡同的唯一可能性就是:根本不存在后手取胜策略。由于这一游戏的步骤是有限的,而且有一方最后必然是赢家,这就意味着必然存在先手获胜策略。

请注意,后走的一方不能盗用先手获胜策略。另外,盗用策略**不**适用于国际象棋这类游戏,因为策略中后期所需要的走法有可能在前期无法使用。如果你真正理解了上述两点,就能理解这个证明。

乍一看,这个结果将使游戏变得十分乏味,因为双方都知道如果完全按照策略下的话谁会赢。然而,在许多其他游戏中也会出现类似结果。令人印象最深的是跳棋(在英国叫draughts,而美国人则把它叫作chequers),现在已经知晓,如果双方的每一步棋都十分完美,结果应该是平局。然而,由施莱费尔(Jonathan Schaeffer)精心组织和实施的计算机辅助证明却足足花费了18年之久,主要问题是巨大数量的位置和潜在的游戏路线。尽管如此复杂,但明白事理的成年人仍然很愿意下跳棋,因为完整的策略复杂无比,人类的头脑不可能把它熟记于心。

就纳什棋游戏而言,先下者必然会赢的证明甚至比跳棋更加难以捉摸,它**仅仅**是个存在性证明,并不能告诉我们究竟应该怎样取胜。获胜策略不仅无比复杂,而且没有明确的途径可以遵循。实际上,迄今为止,已经发现获胜策略的最大纳什棋棋盘是9×9,它是由马尼托巴大学的杨京(Jing Yang)给出的。因而在10×10以上的棋盘上,先走者明明知道原则上他应当能够赢,但却无从下手。因为大家认为这种状况对后走者有失公允,所以有些人同意采用一种变通办法:可以让后走者把已经下在棋盘上的棋子交换一子,而不是将新的棋子放到空格上去。

有关纳什棋的技巧,如果详细讨论起来真的需要写整整一本书。下面我将集中说明两项特征来提高大家对纳什棋游戏的认识。第一项特征是,任何一个试玩过几次本游戏的人都将很快意识到,在完成一项战略任务时,并不一定要用棋子**占据**某个位置。如图3.2(a)所表示的形势称为**桥**,两个不相邻的格子(都已被黑子占据)共享了两个与之毗邻的空格,只要它们不被白方占据,前两个格子实际上可以视为已经连成一气。一旦白方把棋子放上了两者之一的空格内,黑方就可立即将黑子放到另一空格上。当玩家的水平较初出茅庐的新手略胜一筹时,他们总是企图建立一系列的桥,并且希望不被对手注意。然而,桥绝不是不可战胜的。一座黑桥会被白方的一步"妙着"破坏,也就是说,白方在经过精心策划之后,可以设计出"一箭双雕"之计,在一举连接两颗棋子的同时,威胁到黑方获胜的长链。然而,上述情况通常在盘面上极难出现,因此最好还是要竭力阻止你的对手建立起很多的桥。

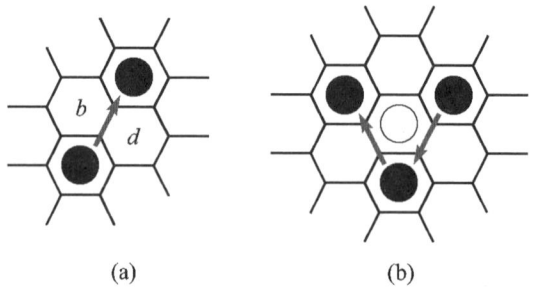

图 3.2

(a) 桥;(b) 重叠的桥其实不起作用

一个很有用的一般性原理是:玩家的全局强度取决于其最薄弱的环节。如果你的对手攻击你的初露头角但尚未形成气候的长链,则他有望取得成功。而你应采取的方针不外乎两种:要么是加强自己的最薄弱环节,要么是以攻为守,攻击对手的长链。不过,你不应该在所有场合都采取这种方针,因为你的对手有可能注意到这种动向,设置陷阱,诱你上钩。

另一个有用的原则是在一定距离之外偷袭对手的薄弱环节。你无须直接猛攻对手的薄弱环节,代之以不声不响地建立起一系列桥,在桥的周边适当下子。顺便说一下,在构筑桥时不能犯低级错误,处在两座"桥"中间的空格不能重叠[见图3.2(b)],因为此时对手可以在重叠处放下棋子,同时袭击两座桥。你能保住其中之一,但不能都保住。

我们接下来讨论比桥的水平着实高出好几级的玩法——梯子,它们将为我们提供更难以捉摸的机会与问题。当一位玩家力图使其长链通到边上而被对手在一定距离外推开时,就有可能出现"梯子",这时双方相持不下,将会走出一串棋子,彼此互相平行。图3.3(a)显示的是一个"梯子"即将开始,下一步轮到黑方下子。此时黑方别无选择,只能在空格 p 处放下黑子,否则白方将立即获胜。根据同样的理由,白方现在只能在 q 处下子。如果黑方坚持走下去,打算连通这条边(要么她连走几步达此目的,要么就认输),那么白方也只好奉陪到底,从而盘面上就出现了一条白子长链沿边而上,一条黑子长链与之紧邻。然而,黑方没有注意到,如果这种过程继续进行下去的话,白方是会赢的[见图3.3(b)]。所以,玩家对"梯子"的出现要事先有准备,在对方的梯

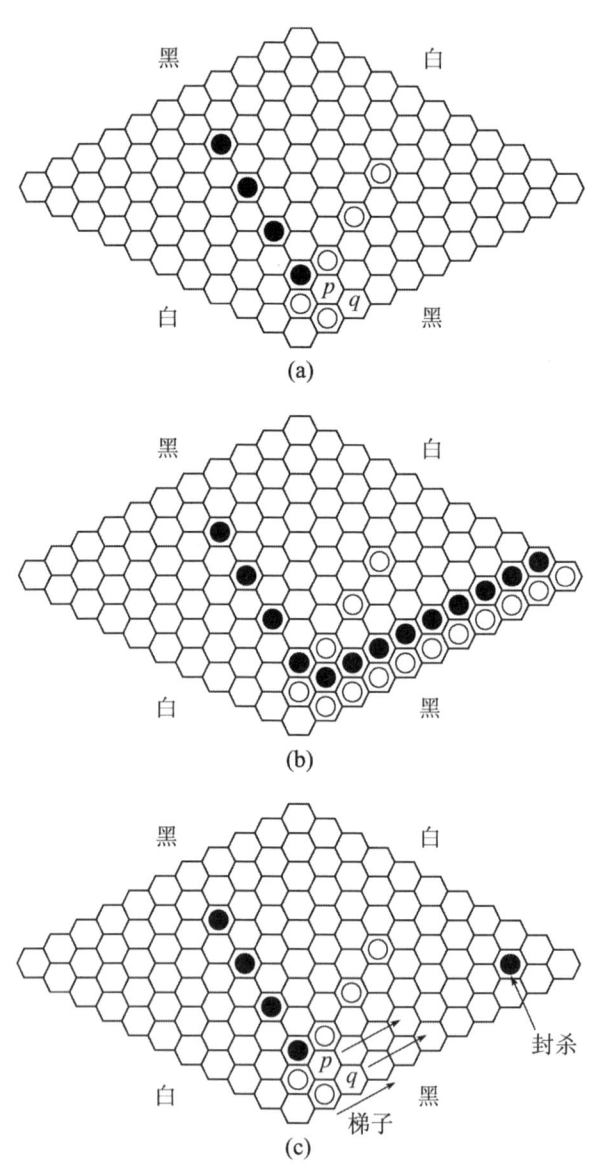

图3.3
(a) 一个梯子的开始;(b) 梯子走向何方;(c) 封杀一个梯子

子开始启动之前就把它们及时封杀。从图3.3(c)可以看出,如果黑方事前在接近白边处有一颗黑子潜伏,那么黑方将在长蛇般的梯子逐鹿中最后获胜。

《纳什棋策略》这本书深入研究了以上这些以及许多其他问题。该书还讲到了纳什棋游戏的一大批变种。例如,有一种在正三角形棋盘上玩的Y游戏(见图3.4),能制造出一条连通三边的棋子长链的便是赢家。顺便说一下,在Y游戏中,"盗用策略"的证法仍然有效,所以先走者肯定拥有一个获胜策略。话虽如此,除非是在极小的棋盘上,先走者现在仍然没有明确的具体策略可用。纳什棋游戏也可以在地图上玩,将每一个省或州视为棋盘上的一个空格,南北边界与东西边界就是要连通的两组对边。另外,在球面上也可以玩纳什棋游戏,这时的空格为一些六边形与五边形。由于球面无对边可言,所以能用棋子圈起至少一个格子者(不论此格是否被对手的棋子占据)算是赢家。

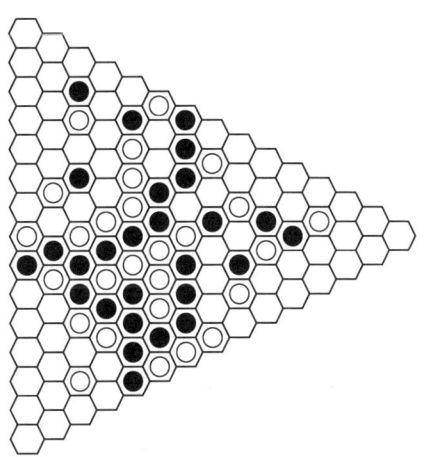

图3.4 Y游戏的棋盘

第 4 章
跳跃冠军

素数一直在困扰全世界的数学家。在前后两个素数之间出现得最多的间隔似乎是6，一直数到1万亿（10^{12}），这个结果都成立。在如此大量的实验数据面前，我们能否下结论说：不论数字多么庞大，6永远是出现得最多的素数间隔呢？

数学里充满着神奇。例如,谁会想到,从如此简单的正整数1,2,3,4,…中能轻而易举地产生令人困惑的素数2,3,5,7,11,…? 正整数的序列极为简单明了:不管你得到哪一个数,你就可以马上写出下一个数。然而,对素数而言,你就办不到了。可是,从正整数到素数只要跨出简单的一步:列出那些没有真约数的数就行。

对于素数,我们已经知晓一大堆知识,其中包括一些很有用的近似公式,为我们提供了很好的近似估计,以弥补我们不知道确切结果的缺憾。譬如说,在1896年已由阿达马(Jacques Hadamard)与普桑(Charles-Jean de La Vallic Poussin)各自独立证明的素数定理告诉我们,小于x的素数个数近似等于$\frac{x}{\ln x}$。根据这一公式,我们知道,小于100位数字的素数大致有4.3×10^{97}个之多——然而确切的数值我们并不知道,这全然是一个谜!

对于素数,我们不了解的事情有的是。10年之前,美国电话电报公司的奥德烈泽科(Andrew Odlyzko)、美国得克萨斯大学的鲁宾斯坦(Michael Rubinstein)及波兰弗罗茨瓦夫市的沃尔夫(Marck Wolf)等学者都注意到了先后两个素数之间的间隔。他们研究的问题是:如果一直算到某个上限x,最常见的素数间隔是几?纳尔逊(Harry L. Nelson)将此问题提交给了著名的《趣味数学杂志》(*Journal of Recreational Mathematics*)。在此之后,美国普林斯顿大学教授康威(John Horton Conway)将这个数字称为"跳跃冠军"。

我们知道,在50以下的素数有2,3,5,7,11,13,17,19,23,29,31,37,41,43,47。间隔数(每一个素数与它后面的素数之差)的序列为:1,2,2,4,2,4,2,4,6,2,6,4,2,4。在这里,数字1出现了1次(当然它只能出现1次,因为除了2之外,所有的素数都是奇数)。其他间隔数有3个,2出现6次,4出现5次,6出现2次,因而,当$x=50$时,最常见的间隔数为2,此数就是一个跳跃冠军。

有时,好几个间隔数的出现频度是一样的。譬如说,当$x=5$时,间隔为1,2,两者都出现了一次。在此之后,唯一的跳跃冠军是2,直至我们到达$x=101$,这时2,4两数不分上下,并列冠军。在此之后,跳跃冠军是2或4,或2,4并列。在$x=179$之前,2,4,6成三足鼎立之势,三雄并列冠军。但在$x=179$这个关键点上,4,6两数悄然退却,让2独占鳌头,就这样维持到$x=379$,2再次与6并列首位。从$x=389$起,绝大多数情况下冠军都是6,偶尔才同2或4并列第一,但在$x=491$到541这段范围内,跳跃冠军又回到了4。而从$x=947$往上,唯一的跳跃冠军又变成了6,从此以后,它的霸主地位岿然不动。计算机探索表明,这种局面至少可以一直维持到$x=10^{12}$。

看来只有在开头阶段1,2,4偶尔还能分享荣誉,从长远来看,唯一的跳跃冠军无疑就是6了,计算机实验也强烈支持这一看法。现已停刊的《实验数学》(Experimental Mathematics)杂志特别喜欢刊登这类稿件,它是一家独一无二的刊物,愿意为数学工作者提供阵地,发表一些仅有计算数据而无严格证明的论文。但这并不意味着数学证明可以淡化,因为论文要明确注明"暂无证明,日后待补"的字样。杂志的目标仅仅是暂时松绑,以便让数学家们提出一些十分有趣的问题,并不损害通常所要求的逻辑严密性。

所有的数论研究家都知道证据的重要性,但成也萧何,败也萧何,有时证据并不能说明问题。某种模式可以一直维持到万亿,但当数值更加庞大时,规律依然有可能发生改变。素数间隔问题可能就是一个突出例子。奥德烈泽科及其同事们已经提供了一个极有说服力的论证,证明在 $x=1.7427\times10^{35}$ 附近时,跳跃冠军将从6变为30。他们还声称,今后冠军还会变,在 $x=10^{425}$ 附近时,跳跃冠军将从30变为210。支持这些说法的论证尽管不够严密,仍不失为谨慎的理论分析,选定的数值实验也没有什么纰漏。

除了4以外,上述拟议中的跳跃冠军都符合一个精致的模式。如果我们把它们分解为素因子的连乘积,一切就将变得十分清晰:

$$2=2$$
$$6=2\times3$$
$$30=2\times3\times5$$
$$210=2\times3\times5\times7$$

不难看出,每一个数都是前若干个连续素数相乘的乘积,于是人

们把这些数称为**素数阶乘**(由素数构成的阶乘),接下去的几个是:

$$2310=2×3×5×7×11$$
$$30\,030=2×3×5×7×11×13$$
$$510\,510=2×3×5×7×11×13×17$$
$$9\,699\,690=2×3×5×7×11×13×17×19$$

奥德烈泽科及其同事们得出的主要结论就是所谓的跳跃冠军猜想:跳跃冠军就是上述的素数阶乘再加上4。这一想法的基础是另一个猜想,即哈代-李特尔伍德k元组猜想,它是哈代(Godfrey Harold Hardy)与李特尔伍德(John Edensor Littlewood)在1922年提出的,所涉及的就是素数间隙的模式。

任何一个观察素数序列的人都会注意到:两个连续奇数都是素数的情况十分常见:5与7,11与13,17与19。孪生素数猜想认为:存在着无穷多个这样的素数对。它们肯定能变得极为庞大——2009年9月,已知最大的孪生素数为

$$65\,516\,468\,355×2^{333\,333}-1,\ 65\,516\,468\,355×2^{333\,333}+1$$

每一个都长达100 355位。

问　题

（1）请证明：在十进制中，孪生素数的位数永远是同样多的。

（2）如果改成 n 进制，试问：当 n 为何值时，以上的断言**不成立**？

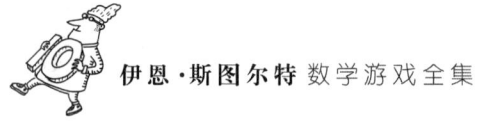

另外,还存在着一种概率计算,强烈支撑孪生素数猜想的正确性。这种计算的基础是:素数"随机"地分布于奇数之间,其概率遵从素数定理。当然这是荒诞无稽的——一个正整数要么是素数,要么不是,不存在什么概率不概率——不过这类问题还是有其合乎情理之处。根据计算,孪生素数数量有限的概率为零。

三个连续奇数均为素数的情况又怎样呢?有一个例子:3,5,7。这也是仅有的例子。因为对三个连续奇数来说,其中的一个必为3的倍数(因而它就不是素数,除非此数正好等于3,3是唯一的孤例)。然而,$p, p+2, p+6$以及$p, p+4, p+6$就不能用这样的论证来排除。它们也似乎较为常见,譬如说11,13,17以及41,43,47;其后还可以找到881,883,887。你们也许想搞清楚此种模式的数字为什么老是以1,3,7结尾。上述第二个模式的首个例子为7,11,13;下一个例子为37,41,43,然后又有877,881,883。就此种模式而言,尾数是7,1,3。

哈代与李特尔伍德对这类模式的任意多个素数进行了探讨,他们所用的概率计算法同我在上文中对孪生素数所用的办法基本类似。他们对满足特定间隙模式的k个素数(全部都小于某个极限值x)推导出了一个准确的公式,但由于它叙述起来极其复杂,我在此处只好略去不谈。欲知其详者可参看奥德烈泽科及其同事们的论文,参考文献见本书后面的进阶读物。

跳跃冠军猜想的数学分析源头来自哈代-李特尔伍德公式,从它可以推导出一个式子,来探讨间隙为$2d$的连续素数直至某个极限值x的$N(x, d)$函数关系。之所以使用$2d$,是因为间隔必须是偶数(只有2

和3之间的间隔为奇数)。仅当2d的数值很大,而x更加大得多时,公式才是正确的。图4.1给出了$x=2^{20},2^{22},\cdots,2^{44}$时,$\ln N(x,d)$与2d的函数图像。图上的每条曲线都接近一条直线,但中间有许多突起。有一个特别显著的突起出现在2d=210处,它就是猜想中所提到的数字30之后的下一个跳跃冠军(如果不是对数使它显得较为平坦,它看起来会更加突出而醒目)。总之,此类信息表明,公式还是比较接近实际的,而不是完全离谱的。

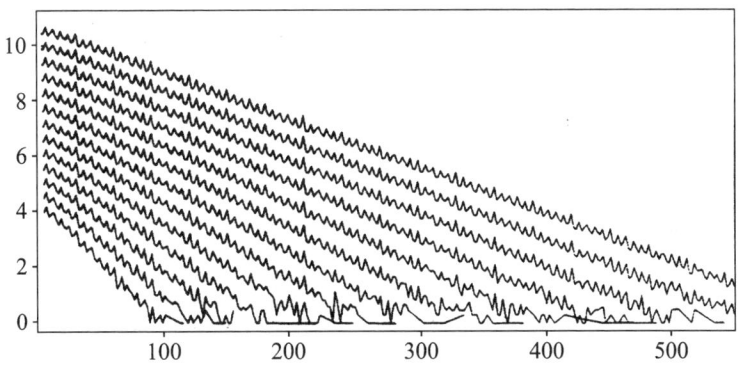

图4.1
间隔大小为2d时,出现频数的自然对数(纵坐标)与2d(横坐标)的函数图像

该图像显示,所取素数的上限可达到不同的极限值x,其幅度为$x=2^{20}$(左下)至2^{44}(右上)。

如果2d是一个跳跃冠军,那么公式所给出的值将相当大——至少是小于上限x的素数数量之一半。公式的确切形式(我要再次郑重声明,此处不可能把它写下来)会表明,达到这一目标的最好方式就是2d

具有一大堆不同的素数因子。它还告诉我们,在此条件下 $2d$ 应该是越小越好,因而最合理的选择就是:$2d$ 应该是素数阶乘(已知的跳跃冠军 4 显然是个例外,因为对如此小的数来说,公式的近似性荡然无存)。

上文所提到的猜想公式也能让我们大致估计出一个给定的素数阶乘何时将取代它的前任而成为新一轮的跳跃冠军。设两个阶乘分别是 $A=2×3×\cdots×p$,$B=2×3×\cdots×p×q$,其中 p,q 为前后相继的素数,则大致在 $x=e^{A(q-1)(q-2)}$(此处 e 为自然对数的底数 $2.718\cdots$)时,后一个阶乘将会取代前一个。这就是前面所述 30 与 210 成为两任跳跃冠军时 x 的期望值的由来。至于其他,亦可以此类推。由于是指数增长,x 的值急遽上升,很快就会变得庞大无比。

接下来还有什么事情值得一做呢?当然是设法证明跳跃冠军猜想——或者否定它,即证明它是错的。如果你们干不了,那就不妨试试较为容易的问题,譬如说,设法证明存在着无穷多个不同的跳跃冠军。1980 年埃尔德什(Paul Erdös)与斯特劳斯(E. G. Straus)所证明的恰恰就是这个东西,但得有个前提才行,而该前提实质上却是哈代-李特尔伍德 k 元组猜想的一个翻版(它的定量形式)。不幸的是,甚至孪生素数猜想都是极难证明的,而完整的哈代-李特尔伍德 k 元组猜想几乎肯定要比孪生素数猜想更加难以证明。

对趣味数学家来说,更为切实可行的是去研究素数间隙的其他有趣性质。譬如说,对小于上限 x 的连续素数,最小的公共间隔(实际发生的)是多大?什么样的间隔出现次数最接近于平均数——换言之,即最常见的间隔?据我所知,即使对相当小的 x 值,这些问题也都是悬而未决的。

反馈信息

"跳跃冠军"几乎可以说是我所写的最后一篇专栏文章,因而没有什么反馈信息可谈。在此我只好糊弄你们一下,告诉你们一个真正令人惊讶的发现,那是极其少有的、素数不再能捉弄数学家的事例之一。这个重大发现就是大名鼎鼎的"格林–陶定理",证明者为格林(Ben Green)与陶哲轩(Terence Tao)[①],时间在2005年。它有点像是前几页谈到过的素数模式 $p, p+2, p+6$,但实质上截然不同。该定理的主要结果是很容易叙述的:对任一整数 k 来说,存在着无穷多个算术级数,所有的 k 项统统都是素数。

一个算术级数就是数的一个序列,其中每一个后项与其前项之差等于一个固定的常量。如果用符号表示,这个数列看上去就像下面的样子:

$$a, a+d, a+2d, a+3d, \cdots, a+(k-1)d$$

该数列有 k 项,d 为公差,a 为首项。在格林–陶定理中,d 并不是预先指定的,而是在证明过程中构建起来的。多年以来,数学家们(以及一些业余爱好者)一直在寻找很长的、由素数构成的算术级数。对只有三项的级数来说,明显的例子便是 3, 5, 7。这时,公差 $d = 2$。还有一个很奥妙的、有7项的例子:

$$7, 157, 307, 457, 607, 757, 907$$

此时公差 $d = 150$。但如果想寻找有25项的算术级数,那就必须依赖电子计算机了。已知的最长级数为

$$6\ 171\ 054\ 912\ 832\ 631 + 366\ 384 \times 23 \times d$$

---

① 陶哲轩是澳大利亚籍华裔数学家,菲尔兹奖获得者。——译者注

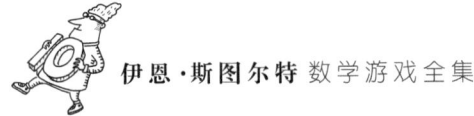

($d = 0, 1, 2, \cdots, 24$),它是由弗罗布莱夫斯基(Jaroslaw Wroblewski)与谢尔蒙尼(Raanan Chermoni)在2008年9月发现的。格林与陶哲轩甚至为这个庞大无比的素数设置了用 k 来表达的上限。如果我们将 a^b 记作 $a\hat{\ }b$,则这个上限就是

$$2\hat{\ }2\hat{\ }2\hat{\ }2\hat{\ }2\hat{\ }2\hat{\ }2\hat{\ }2\hat{\ }100k$$

在此类表达式中,计算规则是从右到左,反复执行乘方运算,也就是说,我们首先要计算2的 $100k$ 次方,然后再计算2的那个幂指数……按如此顺序进行。结果当然是庞大无比、超乎想象,但现下我们所知的就是这些东西。格林与陶哲轩究竟怎样得出这些数据,真是令人惊讶。

顺便说一下,任何由素数构成的算术级数必然是有限的——它们不可能永远进行下去。但并没有什么特定的极限把它们全部管起来。

把格林–陶定理扩展到"广义算术级数"相对来说是比较容易的,这时单一的公差 d 将被很多的差数取代,所有组合都可以取。例如,在有两个差数 d_1, d_2 时,我们应考虑形如 $a+k_1 d_1+k_2 d_2$ 的一切数(k_1, k_2 可以从0递增到某个上限)。实际上,所有的这些数都可以视为一个很长的算术级数的一部分,我们只要把格林–陶定理应用上去就行。

该定理意义之重大,无法一一列举。现在我只想提示其中之一:纯由素数组成、阶数极高的幻方是存在的(当然,这些巨大的数不可能是连续的整数,甚至也不能是连续的素数[①]),下面举一个四阶幻方的例子:

[①] 由于作者对幻方问题研究得不深,以致有此错误说法。事实上,用连续素数是可以构成幻方的,见日本专家寺村周太郎的著作与论文。——译者注

37	83	97	41
53	61	71	73
89	67	59	43
79	47	31	101

格林-陶定理断言你可以做到这些事情(不过要使用极其庞大的素数),譬如说,幻方的阶数可以达到100万,甚至10亿——只要你愿意,随便多大都行。读者们如果想知道更多有关信息,请参看进阶读物中所附的格兰维尔(Andrew Granville)的论文。

答　案

（1）在十进位制中，为什么孪生素数永远有着相同的位数？这个问题看起来再明显不过，但其证明中潜伏着一个漏洞，在其他进位制中就可能不成立。

设孪生素数是 p 与 $p+2$，在十进位制中，$p+2$ 的位数似乎有可能比 p 的位数大。然而，仅当 $p=999\cdots98$ 或 $999\cdots99$ 时上述情况才会出现。不难看出，对前者来说，p 一定是偶数（至少为 8），因而它不可能是素数；而对后者来说，p 一定是 9 的倍数，因而也不可能是素数。

（2）上述证明的最后一步利用了数 10 的特殊性质，而对其他进制来说，情况也许有所不同。在 n 进制的记法中，p 必须取 n^k-2 或 n^k-1 的形式（对某个幂指数 k）才能让断言不成立。也就是说，n^k 必须是 $p+2$ 或 $p+1$（p 为孪生素数中较小的一个）。当 $p=3$ 时，n^k 可能是 4 或 5。这时，十进制中的孪生素数 3 与 5 将变成四进制中的 3 与 11，拥有的位数显然不一样了。而在五进制中，同样的孪生素数将记为 3 与 10，它们拥有的位数仍然不同。

只要稍加努力，我们就可做进一步分析。若 $n^k=p+2$，则 n^k 是素数，因而 $k=1$，而 n 为素数（就等于 $p+2$）。若 $n^k=p+1$，则

$$p=n^k-1=(n-1)(n^{k-1}+n^{k-2}+\cdots+1)$$

由于 p 是素数，因而要么是 $k=1$，要么是 $n=2$。若 $k=1$，则 $n=p+1$，此处 p 为孪生素数中较小的一个。若 $n=2$，而 $k>1$，则 2^k-1 与 2^k+1 两者都应该是素数。出现这种情况时，只能是 $2^2-1=3$ 与 $2^2+1=5$。

如果 2^k-1 为素数——即所谓梅森素数，人们已经熟知并易于证明 k 自身必须是素数。若 2^k+1 为素数，即所谓费马素数，则易于证明 k 必须为 2 的幂，而在 2 的幂中，唯一的素数为 2。

总而言之，在 n 进制中，p 与 $p+2$ 为位数不同的孪生素数的充要条件为：当且仅当 $n=p+1$ 或 $p+2$，此处 p 为孪生素数中较小的一个数。

第 5 章
同四足动物一起散步

动物行走时的各式各样的姿态称为步态。许多姿态是对称的。现在我们开始懂得何以如此。简向泰山解释道，它们都可以最终归结为控制动物行为的神经细胞网络的模式。

多边形与时间困境

一条蜈蚣快乐非凡,
直到青蛙来逗它玩。
"请教老兄您哪条腿先动,
哪条腿跟着动?"
问题提得如此刁钻,
把蜈蚣搞得心烦意乱,
它躺在阴沟里一筹莫展,
苦苦思索着问题答案。

——克拉斯特夫人(Mrs. Edmund Craster)

人猿泰山同时向前踢出双脚,跳向空中,然后重重地坐到了地上。自从简开始注视他以来,重复这样的动作已经超过20次,而从他的面部表情来看,跳跃次数肯定还是被低估了。

简在思考:**并不是泰山没有头脑,而是他需要通过培训,了解怎样去使用头脑**。她已经为他拟订了一个雄心勃勃的教育方案。泰山一头扎进书堆里,也已经有好几个星期了。

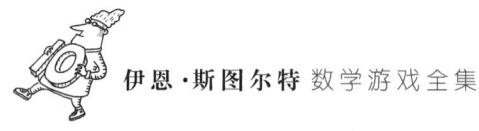

或者这就是问题所在。简顺手抓住一根葡萄藤,滑了下来。

当她走近时,泰山抬头看见了她。"嗨,简。"

"你在干什么?"

"噢——我在检验居里原理呢。"

"真的吗?"这像是一个新奇的借口。

"是的,但它实际上不起作用。"

简轻柔地握着他的手,把他引导到树荫底下。"让我们找个阴凉与安静之处,你把这件事情统统告诉我。"

这件事说起来要花点功夫,但主旨其实很简单。在一本简所购买的、带进丛林的消遣读物中,泰山无意中看到了一种说法:人体具有左右对称性——镜子里照出来的形象几乎完全一样。泰山从未见到过镜子,但他曾见过平静的湖面,从书中的插图里头也能揣度出这样的对称性。在另一本书里,他又偶然知道了伟大物理学家居里(Pierre Curie)提出的一项基本原理:对称的原因产生同样对称的后果。

泰山说道:"于是在我看来,作为一只左右对称的猿猴的我——对不起,应该说是人,我老是记不住——是使我得以行走的原因的话,那么根据居里原理,我的行走也应该是左右对称的。这意味着我的两条腿必须向前方一起行走。不过,尽管我已经一试再试,我似乎任何地方都去不了,除了坐在我的——"

"可是,"简说,"你做错了。如果你需要一个两边对称的步态,你就应该**双脚跳**,就像这样。"于是她像只兔子那样,双足在一起跳,双手也用上了,像是脚爪一般。泰山在迷茫中注视着这一幕,最后,他终于鼓足勇气,请教简,所谓"步态",究竟是什么意思。

"它是肢体移动的一种模式,用于行进,"简说,"动物使用了各种各样的步态。行走、跳跃、狂奔……瞪羚甚至还用**蹦跑**——四只脚一起动作。"

"跳跃真是很好,"泰山说,"但它所显示的全部功能仅仅表明对称步态是可能的而已。我读了居里原理,她认为人类的一切步态——实质上,是所有左右对称动物的一切步态——都应该是左右对称的。"他在林中的空旷地带若有所思地走来走去,有时停下来用拳头敲打胸膛,一脸的挫折感,"可惜大多数情况并非如此。"

左右对称……同它在镜子里的映像一样,简思考着这样的论点。她竭力想象泰山的行走在镜子里头会是何等模样(图5.1)。它也像是行走,却并不是与原来**一样**的行走。

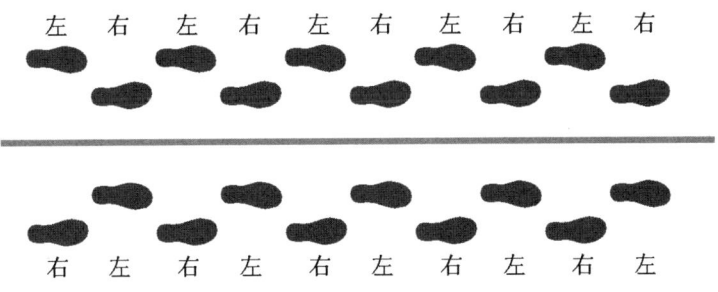

图5.1
人类行走时,左脚与右脚是轮流着地的,在镜子里的映像(图上用淡灰色水平线表示镜子)则是把左、右对调了一下,相当于半个周期的时间延迟

她说:"看上去,它**基本上**是老样子。当你用镜子看一个行进步态时,它看起来依然像一个行进步态。"她若有所思地停顿了一下,"当然

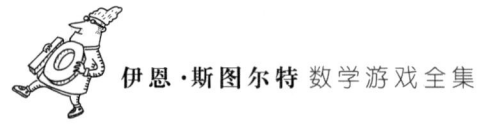

应该如此啰。不然的话,人的行走在镜子里看起来就会变得很可笑了。但我认为它不是什么结论性的意见,因为英文字母表从镜子里看确实很滑稽。"

泰山说:"差别在于,当我迈**右**脚时,我的镜像却迈的是**左**脚——就我而言是它的左脚,但我并不知道它自己的看法如何。下一步,我迈开左脚前进时,我的镜像却是迈开它的右脚前行。我们之间永远不会同步。"

有时候,泰山好像很聪明。简兴奋地说:"应当说不同周相,而不是不同步。"这就是一切东西在镜子里看上去都毫无差错的原因。如果你把时间延迟一下,其长度等于走一步所需的时间,则两条腿的相对位置(尽管不是它们在地面上的实际位置),无论是镜子里还是原来情况,看起来都是一样的。

"何谓周相?"

"行走——同所有的步态一样——是一种**周期**运动。在有规律的时间间隔内它将不断重演。如果你拥有同一周期运动的两个复本,但其中的一个是另一个的时间延迟,则延迟时间在一个周期内所占的比例就叫作**相对周相**。由于你的左脚同你的右脚正好相差半个周期,所以,相对周相就等于0.5。"

"有趣的是,"她继续说,"事实表明步态不仅有空间对称性,而且还有时间对称性。毕竟,对称不过是一种变换而已,它使系统不论前后,看起来都一样。周期性本身也具有时间对称性:只要把时间推移一个周期,一切事情看起来都相同。通过左与右的反射,**并将周相推**

移0.5,这两种因素综合起来,就是人类行走的空间-时间对称了。这种想法不是很了不起吗?"

"那么,当你跳跃时,相对周相是多少呢?它是否为零?"泰山有点胆怯,作了试探性发问。

"是啊。两条腿在一起动作,因而不存在相对周相。袋鼠跳跃时的情况也类似。"(见图5.2)

图5.2 袋鼠跳跃的快照,该动物在所有时刻都维持着左右对称性

"袋鼠是什么东西?"

"啊,对不起——非洲没有这种动物。它们生活在澳大利亚,靠双脚跳跃。"

人猿泰山猛地跳了起来,做出了一个奇异的、原始部落作战前的舞蹈动作,不幸又一次摔倒在地。"我打算做个相对周相为0.3的动作。"他自我辩解道。

简说:"我无法确定你能否做到。"

"我当然能够做到！我要做的,只不过是使我的左脚比右脚滞后0.3个周相而已！"

"听起来蛮不错。"

"但看来很难做到。"

"也许这是由于它不是一个真正的对称,"简说,"你想,如果在交换左、右脚并延迟0.3周相之后,**一切事物**还是看来一样,那么不仅你的左脚要落后右脚0.3个周相,而且你的右脚也要落后左脚0.3个周相,这样一来,右脚与它本身将相差0.3+0.3=0.6个周相,这简直是荒唐透顶!"

"而且十分危险。"泰山说。他有点泄气,懊恼地摩擦着他的两条腿。

"嗨！原来这里头有个定理呢！"简高兴得大叫了起来。小说家佰勒斯(Edgar Rice Burroughs)的粉丝们也许能回忆起简的爸爸原来就是波特教授(Archimedes Q. Porter),所以他的女儿继承了家族的数学天赋,那毫不奇怪。"如果左右反射再加上周相推移能够得出对称的话,"简接着说下去,"那么相对周相必然是0或0.5,其他情况都是不可能的。"

"为什么?"

"同样的论证照样有效。如果一条腿比另一条腿延迟了某个周相,那么这条腿将比它自身延迟了这个周相的两倍。现在,有可能一条腿同它自身有延迟——但只能是周期的整数倍,因为其效果应与没有延迟时一样。因而相对周相的两倍应该是0,1,2,3,…,如此等等,而这意味着相对周相为0,0.5,1,1.5,…,然而1的效果同0一样,而1.5

则同0.5一样,这都是出于周期性的原因。"

她继续说下去:"这意味着两足动物的步态如果有对称,那就只能有两种对称。我怀疑它能否真正……"正说到这里时,泰山一瘸一拐地向她走来,拖着一条腿。

"就是这样,一点不错!泰山,你理解得真快呀。"

他蹲在她身边,仔细寻找胸前头发里的微小盐粒,直到简拍了一下他的手腕。"四足动物肯定会更加复杂得多。"他说道。

"说得对。四足动物有着许多步态。"图5.3显示了8种最为常见的步态。跳跃有左右对称性,同两足动物的跳跃很相似。**行走**,在长颈鹿(见图5.4)与骆驼身上很常见,它有点像人类的行走:如果左、右交

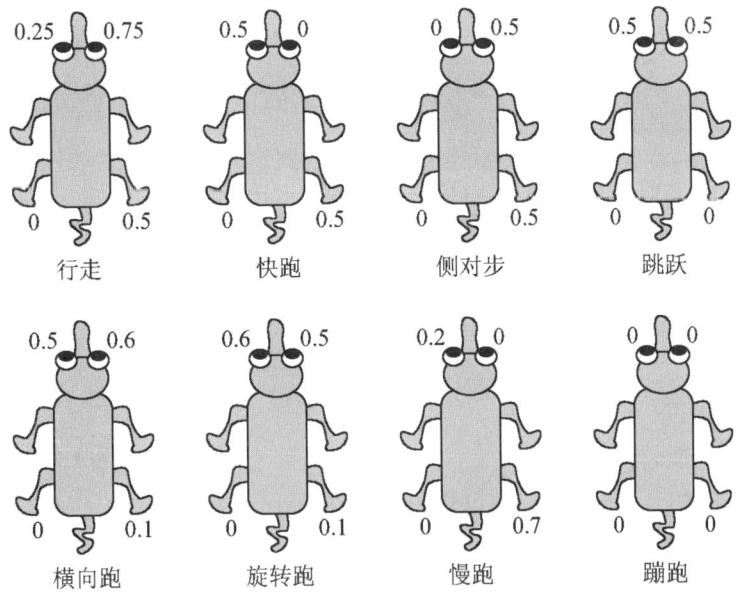

图5.3 最常见的四足动物的步态,显示了脚的相对周相

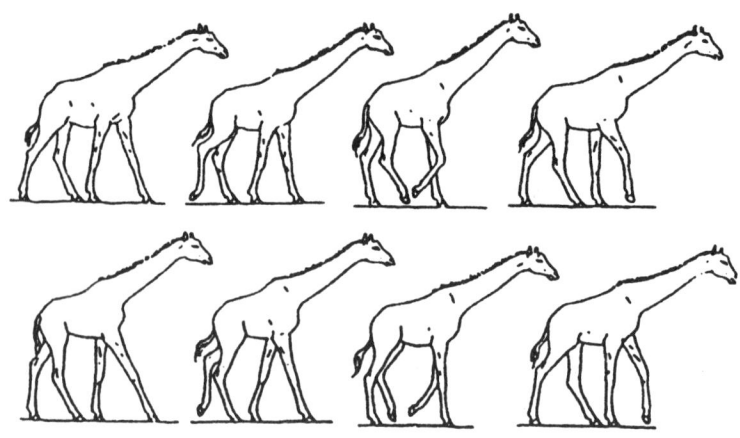

图 5.4 长颈鹿的行走破坏了双侧对称性

后4幅图与前4幅图一样,但左右已经过镜面反射(对长颈鹿本身,而不是对书页)

换,它们将改变半个周期。

"我感到不解的是,"泰山若有所思地说,"何以居里原则不起作用?何以步态的对称性要比整个动物的对称性来得少?"

正在此时,大象"壮汉"从容地走过林间空地,看到泰山后立即发出了喇叭似的声音表示欢迎,泰山也用同样的声音作了回应。

他继续说道:"你要小心,我不认为一头蹦跑中的大象会有什么深思熟虑。最平凡无奇的东西倒是能生存下来……它也许从来就没有进化过。"

简说:"对称破缺,也许这就是居里原则失效的原因。"

"什么叫对称破缺?"

"当一个对称系统以不对称的方式运行时,它就出现了。"

"噢,你的意思是说当居里原则失效时,它就出现了。"

"说得很确切！"

"啊……在居里原则失效的时候居里原则失效。好极了。那可是真正查明了原因呢,简。"

简发出了咆哮声,好像是一头暴怒的母狮。该死的！现在他逼得我不得不这样做！于是她说道:"泰山,重要的是,居里原则也可能失效。让我告诉你何以如此。杰姆在哪里？"

小人猿杰姆老是在棚屋附近晃荡——通常是在那里偷吃香蕉——简轻而易举地就抓住了他的头颈。她在藤蔓的末端打了一个结,让小人猿坐上去,他在那里咿咿呀呀,乐不可支,直到简往他的嘴里塞了一只香蕉,让他住口。

简一本正经地用说教的口吻道:"当杰姆静悄悄地坐在那里,藤蔓垂直地向下悬挂时,整个系统是圆对称的。"泰山听了此话,脸上露出困惑的神色。"我的意思是说,如果你绕着他行走,无论从什么方向去看他都是一样的。"泰山看了看杰姆的脸,走到他的背后去了。泰山看来似乎更加迷惑不解了。"你必须把杰姆看成一块毫无特征的球形团块,懂吗？"泰山愉快地点了点头。

"现在,假定我抓住了挂在这根树枝上的藤蔓,**轻轻地像这样上下拉动**……那么杰姆也会上上下下地跳动,但他不会移动到旁边去。系统的主要部分,也就是杰姆所攀缘的、从树枝上垂下来的那根藤蔓仍然是圆对称的,即便它上上下下地移动,也不会影响到这个结论;但请看一下新的情况。"简随即握着藤蔓,使劲地挥动着。杰姆于是开始来回摇摆,起先振幅较小,随后越来越大。小人猿乐得吱吱直叫,挥舞着他的手臂,一不小心,跌落了下来,实验宣告无疾而终。

"我看到了,"泰山说,"但我吃不准看到的是什么。"

"对称性破缺,"简说,"系统的完整对称状态是垂直下吊。但当我使劲地摇晃它时,状态变得**不稳定**。从数学上看,这种不稳定性尽管实际上观察不到,但它仍然是存在的,因为任何一个极微小的随机偏离都会迅速变大。由于对称状态不能出现,系统迫不得已搞些其他名堂,从而必然导致对称性的缺失。"

"啊,"他停顿了一下,"所谓'必然'或'迫不得已'的意思是指什么?"

简没有理睬他:"不过,系统不是**全然**不对称的。杰姆在一个平面上晃荡,如果你把那个平面视为一面镜子,那么他的晃荡在那面镜子的反射下是对称的。那就是**驻波**的一个实例。"

"但情况并非全然如此。"她抱起杰姆,往他的嘴里塞进另一根香蕉,使他平静下来,再一次把他放到藤蔓上去。

"杰姆还会做另一种类型的周期振荡呢。"她把小人猿猛然一推,使他做圆周运动。"现在,你大概会认为这个运动有圆对称性,但实则不然。如果你将该系统转过某个角度,它看起来就不会**完全**一样了。"

"不,这像是在镜子里行走,它属于同一种一般类型的运动,然而在一个指定时刻是在不同位置。"

"说对了。但那意味着什么?"

"大部分是一样的。当然……计时不一样。它是又一次的周相推移。"

"你总算理解了,如果你转动该系统,并安排一个合适的时间延迟,它看起来就会同之前完全一样。此时的时间延迟同旋转一样,也就是说,转动0.4圈需要0.4个周期的时间延迟与之配合;以此类推。这种情况,称为'**旋转波**'。"

"让我爬上一棵洋槐树,看看究竟谁会被刮伤。"泰山说。简有点心虚,开始期望在她的旅行小书库里最好不要有一本谈生意的书了。"在完整的对称状态变得不稳定时,对称性将破缺为一个驻波或一个旋转波。前者有一个纯粹的空间对称——平面上的反射;而后者则拥有一个时空混合的对称。"

"就是这么回事,确切得很!"泰山捶胸顿足,高兴得大叫起来,简却在一边不住地摇头。在英国下议院里,这种粗鲁失礼的行为肯定通不过;看来对这位人猿的教育还有很长的路要走。"不过,圆对称并未全然消失。"她抓住了藤蔓。杰姆看来也很气恼。"快去!快去!选一个垂直平面。"

"不必挑三拣四了,就选那棵猴迷树[①]吧。"泰山说道。简将杰姆朝那个方向推了一把,小人猿在泰山选定的平面上前后摇晃。"有哪些平面可以派上这种用场?"珍妮问。

泰山答道:"我的猜想是,它们当中任何一个都行,只要它们是垂直的,并且通过藤蔓跨接树枝的那一点。"

"说对了,这些平面都要通过对称轴。它们又是如何关联的呢?"

"嗯……它们不分彼此,互相转化。噢,现在我总算明白了!不是

---

① 一种树名,正式名称叫作智利南洋杉。——译者注

只有一个单一状态、一切转动都不变的系统——所谓完美对称状态——你所得到的是一大批对称性较差的状态,它们之间都可通过转动来互相转化。"

"说得确切之至。动作的整个集合仍然拥有圆对称性,也就是说,如果你实施一个旋转运动,你仍将得出该集合中的另一个旋转,但它或许不是你开始去做的那一个。由此可见,**与其说对称破缺,不如说它是共享的**。"

正在此时,一只满身斑点的赤黄色猛兽穿过了林中旷地,厉声嗥叫着冲向泰山,两者扭打起来。一场短暂的战斗过去之后,泰山胜利归来,嘴角含笑,怀里抱着一只很大的猎豹。"你瞧,豹子来拜访我们了!"

"是啊,据我判断,它来访问时用了横向跑(见图5.5),"简说,"那是最缺乏对称性的步态之一。"

图5.5　猎豹的横向跑

泰山问道:"它有何种对称性?"

"你可以根据相对周相把它迅速识别出来(见图5.3),"简说,"在横向跑的步态中,一侧的两条腿相对周相为0.5。左前腿与右前腿之间也存在着奇异的相对周相,其值大约是0.1。但我不想进行详细解释了,因为它实在**太过**专业化。之所以会这样,多半是由于动物可以更有效地利用能量。"

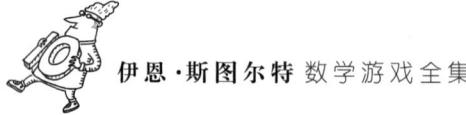

问　题

横向跑的对称特征是：成对角的两组腿互相交换后，周相差半个周期。请结合图5.3解释这一点。

"我倒是在怀疑,究竟是什么样的对称性破缺导致了这种运动?"泰山说。但是太阳已经西沉,他们回到棚屋里休息去了。

第二天早上,简被刺耳的尖叫声与吵闹声吵醒,好像有一群猴子在作怪。她目光向下,朝林中空地看了一眼,哟!见到的东西可真不少。泰山在4棵树中间搭起了一个相当复杂的藤蔓支架(见图5.6),正在打算用香蕉作诱饵,让4只小猴子爬到4根藤蔓的下端。哦,是人猿,不是猴子,不过**差异不大**。

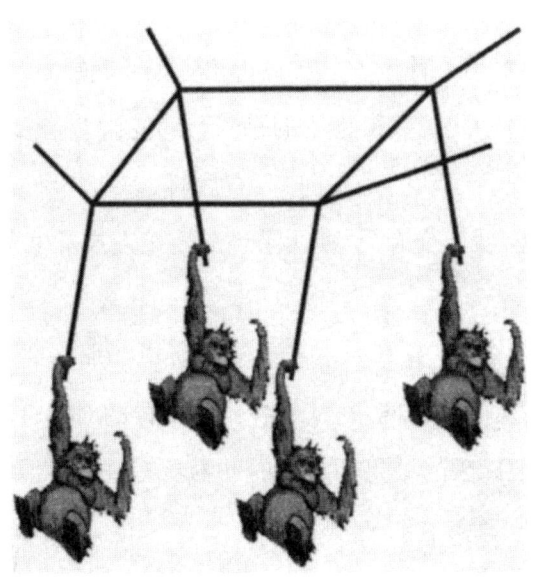

图5.6 泰山的"中枢模式发生器"模拟装置

"这就是生物学家们所谓的中枢模式发生器的模型,"泰山不无得意地说,"我一直在钻研这方面的资料。每个小人猿都代表该动物神经回路的一个部件,专门掌控一条腿。藤蔓则是把神经元耦合起来的

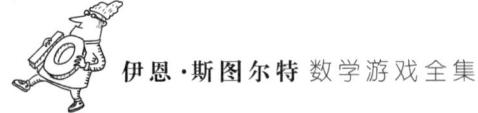

互连,以便它们相互影响。这个回路的动力学控制着步态的节奏。请看!"他将一个小人猿推了一下,使他开始摇摆;脉冲沿着藤蔓迅速地传输过去,使其他几个小人猿很快地引起了共振。而在一个小人猿跳出去偷香蕉时,则产生了相当复杂的反应。

"说到底,不过是个硬件问题。"人猿泰山说,他抓住了那个无赖①,重新把它放回到它的那根藤蔓上。"基本概念是振荡动力学②。每个网络都容许跨度极大的全程振荡,这就是何以区区一只动物能提供好几种不同步态的原因。当然,这些步态也要取决于速度、地形等多种因素。我已经能利用一种正方形布局得出标准步态中的大部分。然而,有一桩怪事:迄今我仍然得不到的是'行走'这种步态。它是一种8字形的旋转波,先后运动的是左前脚、右后脚、右前脚和左后脚,相对周相为0.25。但当我改变布局,使两条边的连接方式发生交叉时,我还是**能够得到**它。"

"让我来看看,我究竟能不能理解你所说的那些话,"简说,"你是在观察耦合振荡的各种网络,从中找出什么样的对称性破缺有可能出现,然后你再把出现的结果同实际的动物步态进行对照。你的假定是每条腿都是被一个振荡器控制的。"

"很好,当然如此。我认为,**任何人**都能看到这一点。尽管,每个'振荡器'实际上有可能是一个非常复杂的回路。关键在于:它是能运作的。设想你需要一个跳跃,于是你将两条前腿并在一起运动,与此

---

① 指那个偷吃香蕉的小人猿。——译者注
② 原文为OK,在这里是双关语,可以是Oscillation Kinetics的缩略。——译者注

同时"——他冲到林间空地的另一端——"你把另外两条腿放在一起运动,但相差0.5个周相。当然,你也可以**发号施令**,叫小人猿们按照你喜欢的任何模式荡来荡去;但仅有极少数的几个模式可以持续很久,其他都不过是在把水搅浑,胡闹罢了。这样一来,我就能把网络的自然振荡模式挑出来。快跑、侧对步、蹦跑等步态,也与之类似,很容易推导出来。"

"至于旋转跑和横向跑,这两种步态也并不是想象中的那么难。不过,我要老实告诉你,在说服这些小人猿去模拟'慢跑'时,我倒是真的碰到了困难。要想摆平他们,兴许我需要更多的香蕉哩!"

"泰山,除了那些令人惊讶的、胡搅蛮缠的隐喻之外,那倒是真的可以留下深刻印象……"简正打算讲下去,但是泰山却冲进了灌木丛中,嘴里喊着:"甲虫!甲虫!它应当也适用于甲虫!"再度现身的他,手里挥舞着一只很大的绿色甲虫,他将它放在一块石头上。甲虫迟疑了片刻之后,逃跑了。

简说:"这只虫的步态是三脚架式的(见图5.7),让我们把它们的脚分成两组,每组三只脚,不难看出,一组与另一组的周相差为0.5。在同侧的三足中,前足与后足属于一组,中足却属于另一组。多美妙的对

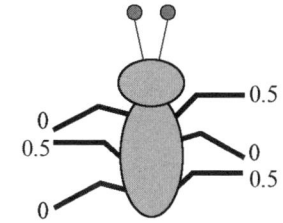

图5.7　昆虫的三脚架步态

称啊!"

在下午较晚的时候,泰山已经用6枝藤蔓,草草地搭出了一个六边形,6个调皮的小人猿在那里乐滋滋地晃荡,从而体现了三脚架式的步态,三只朝里三只向外,周相差正好是0.5。

那天晚上就寝时,简在思考一个问题:**我希望泰山不要开始去想**……,可是她不久就睡着了,问题未能成形。

太阳升起后不久,一声巨响把她惊醒,原来是几棵大树倒地了,跟着传来的则是前所未有的一大片尖叫声。泰山正在扩大林间空地,打算开辟一条长长的小道。一大堆藤蔓分散在道路两侧,在道路的尽头有一大堆香蕉,几乎同他们所住的临时棚屋一般大。到处都是黑猩猩。她开始点数,至少有100只。

不必点了,毫无疑问,正好是100只。昨夜未成形的问题自然而然变得完整了。**我希望泰山不要开始去想蜈蚣了**,不是蜈蚣真的有100只脚,而是泰山真的不富有想象力。

突然之间,简的脑子里闪现出一个新的念头:**天啊,我希望不要有什么东西来提醒泰山,让他去思考千足虫的步态唉。**

多边形与时间困境

答　案

　　如果交换左前腿和右后腿,那么两条前腿的数值为0.1和0.6,相差半个周期;两条后腿的数值为0和0.5,也相差半个周期。交换右前腿和左后腿的情况与此类似。

第 6 章
用纽结填满空间

正方形砖、矩形砖、六角形砖、曲线形状的砖——五花八门的形状令数学家为之着迷，多方面的通用性令数学家为之震撼，看似简单的问题一下子变得十分艰深又使他们束手无策。但你可曾想到过打了结的瓷砖？

多边形与时间困境

铺满整个平面的图形——毫无重叠地完全覆盖平面——是一个一再重复出现的课题,无论是在趣味数学或主流数学方面。填满三维空间的立体同样有着很大的吸引力。由于研究这些问题的人为数众多,因而人们很容易认为大概没有什么新事物留下来供大家研究了。然而,上述想法绝对是错的,这就是我读了《数学信使》(*Mathematical Intelligencer*)杂志上所刊登的亚当斯(Colin C. Adams,任职于威廉斯学院)的美妙论文之后的感受。亚当斯发现了制造具有非常复杂拓扑性质的三维瓷砖的一般方法,特别是它们可能具有绳结的形状。

亚当斯所拥有的全部三维铺砌的瓷砖都是单一形状的全同复制品,人们称之为**原型砖**。众所周知,填满三维空间的最简单办法是用立方体来作原型砖,把一个个立方体堆叠起来就行,就像是一个三维跳棋盘。立方体框架式的堆砌看起来十分平凡。但我们不久就会看到,只要稍加变化,就会构造出一些令人惊讶的、有着极其复杂拓扑性质的砖块。

拓扑学被称为"橡皮几何学",即可以连续变换的几何;它研究的是图形经过扩张、挤压、弯转、扭曲,以及一切连续变形(但不准撕裂或切割)后的不变性质。这类变形称为拓扑等价。例如,立方体与球是拓扑等价的——只要把角变成圆的就行。拓扑性质中包括一些基本概念,例如连通性与纽结性。

有一种形状深受拓扑学家们喜爱,它就是环面,其形状像是一只甜甜圈或汽车轮胎。为了叙述方便,我把它想象为一个固体的环圈——好比是甜甜圈的一团揉捏好的面团,而不仅仅是含糖的表面。为了让你的心思在拓扑学领域里驰骋,你得先构造出一个与环面拓扑等价的原型砖,在读下去之前你最好先思考一番。图6.1(a)给出了一个可能的解答。这种原型砖是一个立方体,但在它的中间打了一个正方形的洞。有两只像是"耳朵"的把手,其横截面与"洞"一模一样,把它们放在两个对面的中间;每只把手的长度都等于"洞"的长度的一半。

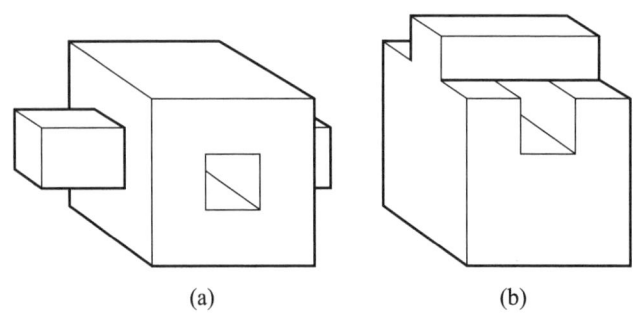

图6.1
(a) 在立方体中间打洞,加上尺寸相配的把手(或"耳朵"),由此构造出环形砖;(b) 构造环形砖的另一种办法

从拓扑学的角度来看,这种原型砖不过是一种固体环面:如果你用黏土来制作它,就可以将"耳朵"压平,然后把四角磨圆,这就得出了普通的甜甜圈。你可以用这种原型砖的大量复制品造出一整块平板,

其厚度恰好等于一个原来的立方体,一块块砖头像国际象棋棋盘一样,黑格与白格交替摆放,形成直角,毫无歪斜,凸出来的"耳朵"恰好填满空洞,密合得毫无间隙。然后再把这样的平板一层层堆上去就行。

现在你了解了原型砖思想,就可以用木头来造出真正的砖块,它们可以填满三维空间,但不是互锁的。图6.1(b)则是互锁的原型砖。现在开始我们允许原型砖互锁,以寻找能填满三维空间的数学模式,然而我们无须担心怎样才能从一块块原型砖中找出合适的编排法。

无论是图6.1的(a)或(b),两者都可以用"分拆重组"原理来加以说明。用平面图形来讲解将会更清楚明了(见图6.2)。

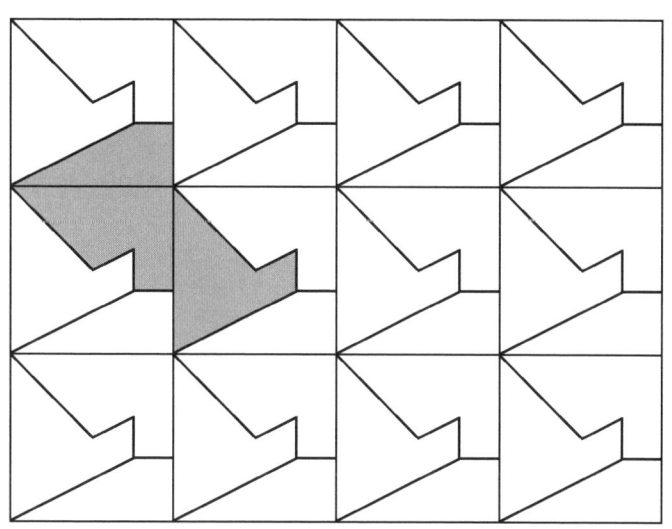

图6.2 分拆重组原理,用以说明方砖如何铺砌平面
将每块方砖分成若干子块,然后各取一件重组为原型砖(它们是从不同的正方形中取来重组的)

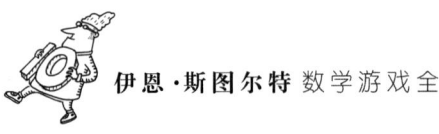

问　题

如何将图6.1(a)和图6.1(b)中的物体分拆、重组后填满三维空间?

让我们从最简单的铺砌开始，图中所画的是正方形。把每个砖块分拆成几个子块，所有的砖块统统都是同样的拆法。然后在每个子块中各取一个复制品组成新的原型砖，结果当然是毫无意外能铺满平面了。类似的方法也可适用于三维空间。原有的简单填充法也可通过有规律的、按不同角度与方向的配置变得复杂起来。

将"耳朵-洞"结构轻松地加以改进，就可以得到多于一个"洞"的甜甜圈：在排得很整齐的一列中挖出几个互相平行的"洞"，再加上几对配合得天衣无缝的"耳朵"，每一只的长度都等于"洞"长度的一半。实际上，由这一基本思路出发，已经构造出了一些拓扑性质十分怪异的砖块，人们称之为"有洞的立方体"。为了造出这样的立方体，可以从一个固体立方体开始，从中开挖出几个"洞"，每一个都从顶面开始，一直穿到底面。这些"洞"也可以互相环绕，成为打结的环圈，把拓扑性质搞得复杂透顶。总之，任何一种"有洞的立方体"经过改进之后都能变成一个与之拓扑等价的原型砖。办法挺简单，只要把每个"洞"一分为二，然后再在立方体的左、右两个侧面加上相应的"耳朵"（每只"耳朵"等于"洞"长度的一半）就行。这类原型砖实际上与图6.1(a)所示的办法一致：我们只是再次应用了分拆重组原理而已。

尤有甚者，加上"耳朵"后并不会改变原来的有洞立方体的拓扑性质，因为你可以设想每只"耳朵"是从它的附着面逐渐向外生长的，人们称之为"发芽原理"——在一个形状发生原先所没有的肿胀或隆起时，它将保持同样的拓扑性质。但有一个重要限制：这些突出物本身不能有洞，因为那样就不是连续变换了。确切地说，凸出物必须与立方体拓扑等价，它们只能附着于立方体的一个表面。(对拓扑学家来说，附着于一端的一根细长而扭动的管子与附着于一个面上的立方体是全然等价的。)

以上所说的是一个很具一般性的想法，然而也确实存在着许多与有洞立方体并不等价的、非常有趣的拓扑图形。为了处理它们，亚当斯引进了另一个更聪明的办法。我将用一个打成了简单的自上至下的结(三叶结)的固体甜甜圈来加以说明。类似的办法也可用来处理其他形式的纽结。基本思路是，利用一个模子来浇铸出青铜质的三叶结，而这种模子的部件可以装配成一个立方体。你仍须利用分拆重组原理。为了保持纽结的拓扑性质，模子的部件必须同立方体拓扑等价。

图6.3(a)所示的就是这种模子，其中两个部件是面上有缺口(凹痕)的半立方体，第三个部件则有奇异的树形结构。树的作用是要把纽结的重叠部分连接起来，以形成一个有许多洞的环面。树是由三块方形小片做成的，用胶布把重叠的地方粘起来，然后又用细长的导管连在一起——这样一来，所需要的部件就由三个变为一个，而后者是同立方体拓扑等价的。模子的顶面与底面正好可以拼合成一个常见的、侧面为正方形的立方体，但需留出一个空间来容纳纽结(三叶结)与"树"。树的枝蔓则一直延伸到了包容一切的立方体的边上。

为什么要引入如此复杂的"树"呢？理由是，你不可能用只有两个部件的模子浇铸出三叶结，如果这些部件是同立方体等价的话。引进了"树"以后，就可以将纽结转化为可用此种方法浇铸的形体了。

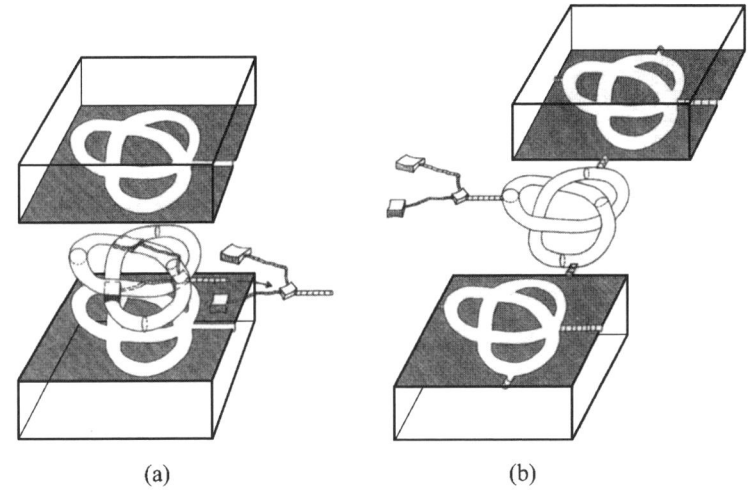

图6.3
(a) 用一种可以分成三部分的模子(它们可以拼合成一个立方体)来浇铸三叶结;(b) 应用"分拆重组"原理来制造原型砖,尽管它的外表异常复杂,但"发芽原理"告诉我们,它与三叶结是拓扑等价的

在构建了三个部件的模子之后,现在你可以利用分拆重组原理来制造图6.3(b)所示的原型砖了。可以从一个立方体格子开始,其中的每个立方体都要拆分成4个部件:如上所述的一个三叶结和它的三个部件的模子。现在设想三维空间里充满着这样的立方体,排成立方格子。然后,如图6.3(b)所示的那样,挑出每一个部件的复制品来,也就是说:从一个立方体中挑出纽结,从它后面的立方体中挑出顶上的半立方,从它前面的立方体中挑出底部的半立方,再从位于其左面的立方体中挑出"树"来。自然你还得开出几道槽,添加与之匹配的一些具有半圆形截面的导管,使这些部件重组以后变成一种单一的、复杂无比的原型砖。尽管它拥有奇妙的、纺锤形的结构,但这种原型砖与原

生的三叶结是拓扑等价的。由"发芽原理"也容易推出这一结论,这是由于原型砖是由三叶结添加三个凸起物形成的,然而不管它的形态如何复杂,那些凸起物同立方体是拓扑等价的。

纵然这种方法在拓扑学上十分精致,然而得出来的形态却奇形怪状,超乎一般人的想象。如果你想象不出打了结的管子的形态,也是情有可原的。不过,即便对于后者,亚当斯也能给出解答。他从一个立方体开始着手,把它分割成若干个全同的、打了结的部件。图6.4就展示了这类分解:分成4个互相对称的三叶结。如果你从一个立方格子开始,按照图6.4的办法,把每一个立方体分拆为4个三叶结,那么你实际上已经完成了一个壮举:用三叶结填满了空间。

就打了结的砖块来说,还有许多问题尚未解决。下面的这个问题很适合游戏数学家思考。设想从一个立方体开始,先把它分成 n^3 个小立方体,每个棱长都是 $\frac{1}{n}$,分法当然是显而易见的那种。现在将这些子立方体染成4种颜色,以便使同一种颜色的子立方体所组成的物体与三叶结是拓扑等价的。4个三叶结的对称放置表现为右转直角关系,如图6.4所示。现在的问题是:为了达到这个目的,n 的最小值应该是多少?

用合适的微细格子网来覆盖图6.4的每一个正方形,只要有一个足够大的 n 就能做到——不过我不打算在此说破,把找到这个确切值的乐趣留给你自己享受。没有解决的问题是,究竟是否存在立足于更细小的格子上的类似图形。还应当注意,如果4个纽结是对称地相互关联的,那么 n 必定是偶数,而且容易看出,一些较小的 n 值是不能取的。另外,我想你对以下问题大概也会感兴趣:如果省略了对称性这一条件,n的最小值是否还能进一步减小?

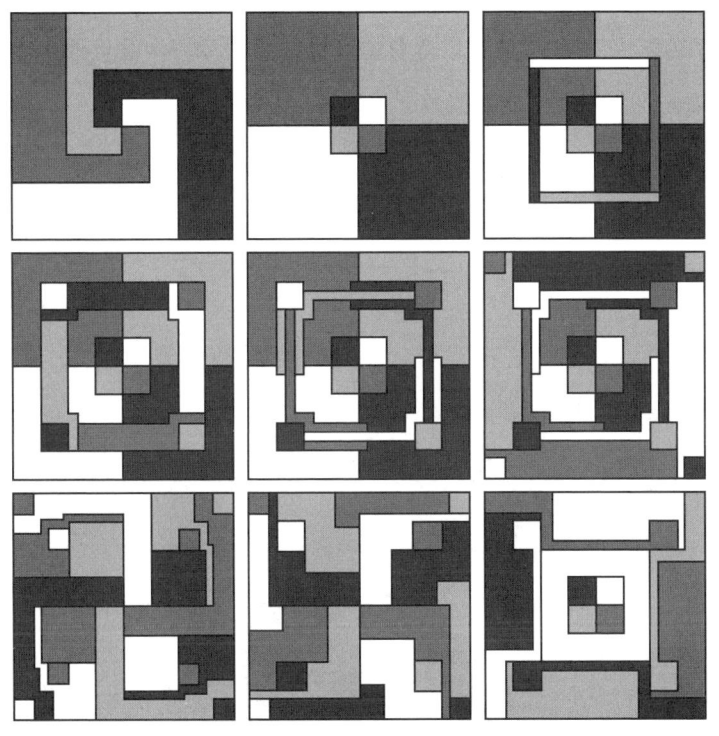

图 6.4
立方体的层层切片都由 4 个对称放置的三叶结组成,将这些切片逐一堆放起来,并将同样颜色的邻接区域黏合起来,这就得出了三叶结

反馈信息

住在英国坎伯利市的一位持有皇家特许状的专利申请代理人哈曼(Michael Harman)给我写了一封很有意思的信。

> 我发现了几种构造打结砖块的新奇办法。其中有一个令人特别感兴趣的想法是,从"环面结"起步,把一股线围着一个固体圆环面绕圈(见图6.5)。

图6.5 环面结
图上的纽结围着"洞"转了8下,每3转就能绕圆环面一圈

只要有几束线就足以把环面完全包住,甚至可以把圆环面的内部也填满。

众所周知,一个立方体可以分解成两个全等的圆环面。我观察到,每一个圆环面又可分解为两个全等的纽结,从而我们能得出把立方体分解为4个全等的纽结的奇妙办法。

值得注意的是,两个圆环面的分解要么是直接匹配,要么是互为镜像。

答　案

对图6.1(a)，作为基本单元的立方体可以分拆为三个子块：带孔的立方体和将孔道分成两半的两个"耳朵"。对图6.1(b)，则可以分成两个子块：一个开了方形槽的立方体，以及一个可以填满方形槽的矩形长条。通过适当的方向调整，这些立方体可以堆叠成三维晶格模式，与相邻立方体的子块经过重组以后，你就能得出正文中描述过的填满三维空间的办法。

第 7 章
走向未来1：陷入时间困境

自从一个多世纪以前，威尔斯（Herbert George Wells）的作品《时间机器》（*Time Machine*）问世以来，时间旅行一直是科幻小说中的一个主题。最近几十年，它也成了相对论物理的一个课题。尽管存在着许多悖论，但是按照人们目前理解的物理定律，似乎并不排斥时间旅行。欢迎各位光临霍克洛斯和本金重型机械公司！

多边形与时间困境

我刚在霍克洛斯和本金重型机械公司上完夜班,忽然听到一阵微弱的轰鸣声,它似乎来自虚拟现实模拟区域。在晚间,那个地方一片死寂,除了我之外,周围阒无一人。我别无选择,只好硬着头皮去看看究竟是怎么一回事。不过说实话,我很紧张。也许是发生了虚拟空间闯入。要知道,在公元3001年,实体安全已经是不可战胜的了——我们拥有对DNA特别敏感的机器人警卫——然而,电子安全则完全是另外一回事,受过专业培训的电子窃贼数不胜数。

房间里弥漫着一股刺鼻的烟雾。一定是有实体闯入,虽然这不应该发生。我开始冒汗,不过,烟雾终于慢慢消散。

房间中部有一个奇妙的机械装置,是一种由发光金属、玻璃以及像是米色塑料所制造的精致的框架。外表看上去很古老,有个男人坐在中间,藏身在一件黑色斗篷里面。他正在悄悄移动。

"不许动!"我大声喊道,"这房间是密封的,举起你的双手,给我出来!不要碰任何东西:激光器、调相器、火箭发射器以及别的武器,否则我们的生物控制安全系统会让你死无葬身之地!"我在大声吓唬他,但也许他根本就听不懂。他爬了出来。"经过身份识别了吗?"我问道。

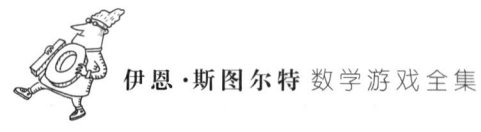

"啊——先生,你是想知道我的姓名?"

他说起话来彬彬有礼,而且似乎**很老派**。他想掏摸出什么东西呢?"说出你的身份来!"我说。

"你可以称呼我为时间旅行者,我是赫伯特·威尔斯先生的一个朋友。"

赫伯特——且慢!他是在说赫伯特·乔治·威尔斯吗?那位著名的科幻小说作家威尔斯?"是啊,世间不乏奇迹呢。"我把他压在墙上,不客气地进行了搜身。我发现他身上有几样奇怪的东西,其中有一支羽毛笔。我还仔细看了那部机器,它是由钢铁、锡、玻璃与水晶建造的,还有加工得十分精美的黄铜器材。某些部件是由一种白色塑料制成的,我无法辨认。

我知道他讲的故事毫无意思——但听起来很有说服力。机器确实有一种**古老**的感觉,一件真正的古董。机械方面的事情,任何人都蒙骗不了我。

"就算我心血来潮信了你的话,"我说,"那么我要问你,你是怎么到这儿来的,为什么要来这里?"

"我别无选择。在驶向遥远未来的路上时我闻到一股烟味,我关掉了机器,但为时已晚。临时选择的齿轮已经滑牙了。"他一面说,一面将手伸进去,在机器里面摸索了一会儿,抽出了一个样子极为古怪的塑料做的碟形零件,上面仍然浮起一缕轻烟。"也许你十分友善,肯帮助我换个新的零件?"他说。

我答道:"那要看你需要何种塑料了。"

"对不起！好心的先生，请问'塑料'是什么？"

要么是他演技过人，要么就是他讲的是真话，他竟然不知道塑料是什么东西。于是我告诉他："塑料是一种白色材料，就像你身边的那件东西一样。"

"噢，这个吗？这是象牙，唯一适合本次旅行的材料，它是从动物身上取来的。不过它并不稀罕，如今肯定还有吧！"

到了此刻，我彻底相信他的故事了。在公元3001年，**没有人能搞到象牙**。首先，早在1000年前，这种材料的交易早已被严令禁止。其次，世上最后一只大象也已在950年前被偷猎者们杀死了。留下来的象牙被保存在博物馆里，它是无价之宝，由于年代久远，它看上去已经变成了暗黄色。

可是这家伙身边的象牙却是**光洁的**。

"这毫无希望。"我向他解释，由于得不到这种必不可少的材料，没有办法造出新的齿轮了。

时间旅行者看来眼泪汪汪："那么我是陷入困境，出不来啦。"他在唉声叹气，喃喃自语。

"有可能是，也有可能不是，"我答道，"只要有法可想，霍克洛斯和本金公司就一定会办到。现在，请告诉我这种机器的工作原理，然后我来仔细想想应当采取什么措施。"

于是他走近机器，看了它一眼，然后答道："你也许能回忆起，在1894—1895年那一期的《新评论》杂志上刊出了我的好朋友威尔斯先生所写的一篇故事《时间机器》。"

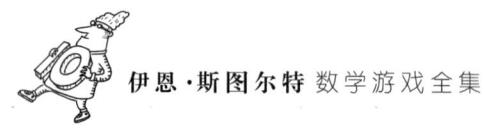

真是件巧事,我爱好古代文学史。而我一直觉得,要确定这本杂志究竟是在哪一年出版的是不可能的事情。

"故事是由一项真正的发明引发的。"时间旅行者继续说下去,我也连连点头。"当威尔斯在作品中写到'除了我们的意识沿着它运行之外,时间与空间的三个维度其实没有什么区别'时,他向众人解释了他的主要观点。这部机器运行时,它与我们的意识沿着不同的方向流动。就是这样。"

"听起来很有趣,"我说,"并不完全正确,但很有趣。"

"不完全正确吗?"鉴于对方的疑问,我不得不向他讲一点相对论的基础知识,有教无类嘛。让我从狭义相对论开始讲起。

"要记住的第一件事情就是,"我说道,"'相对论'是一个愚蠢的名称。"

"那你为何还要用它?"

"历史上的偶然,可是我们却被它死死地套牢了。除非你能赶紧把你的时间机器修复,回到过去,说服爱因斯坦(Albert Einstein)这个老家伙,请他发明一个更好的名称。"

接着,我向他解释,狭义相对论的全部观点并**不是**"一切都是相对的",而恰恰是有一件特殊的事物——光速——是出人意外地**绝对**的。如果你以50千米/时开着一辆汽车出去旅行,同时面向前方开枪,而子弹与汽车的相对速度为500千米/时,那么它将以550千米/时的速度打中一个固定不动的目标,两个速度是相加的[见图7.1(a)]。然而,如果你不开枪而是打开手电筒,它发出的光的速度为1 079 252 848千米/时,

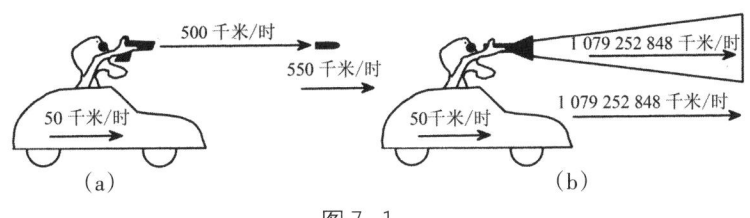

图7.1

(a) 在牛顿经典物理学中,合速度是分速度的叠加;(b) 在相对论物理学中,光速是恒定不变的

但光线却并不能以 1 079 252 898 千米/时(注意最后两位数是98而不是48)的速度射向固定目标,其速度仍然还是 1 079 252 848 千米/时,同汽车停在那里不动时的情况完全一样[见图7.1(b)]。

我告诉他:"你可以自己来验证这一结果,所需要的只是一只皮鞋盒子,一只手电筒,再加上一面镜子。"

"手电筒?"

"啊,还是改用灯笼吧。在盒子的前面开个小洞,好让光线射进来。在盒子的顶上做一个盖子,以便打开盒子朝里看,在盒子的底部写上一句:'光速等于 1 079 252 849 千米/时。'这些准备工作做好以后,关上盖子,站立不动,把灯笼对着镜子,让反射回来的光线穿过小孔进入皮鞋盒子,然后打开盖子读出光速。接着**奔向**镜子重复这个实验。奇怪的是,无论你跑动与否,得到的都是 1 079 252 849 千米/时……"

时间旅行者轻蔑地一笑:"真是一个愚蠢透顶的实验啊!"

"确实如此,但即使用了非常先进的仪器,你能得到的**依然是一模一样的结果**——如同迈克耳孙(Albert Michelson)与莫雷(Edward Morley)在1881年与1894年所发现的那样。当时他们尝试测出地球与

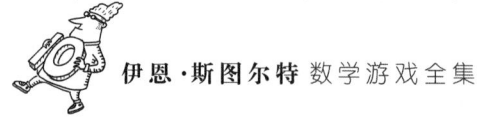

'以太'的相对运动,所谓'以太'是一种虚拟的、无所不包的流体,被认为是传输一切电磁辐射(也包括光在内)的介质。如果牛顿物理学是正确的,那么当地球分别处于其轨道的相对两点、而运动方向相反时,光的表观速度应该有着明显的差异,然而即使用了极其灵敏的仪器设备,两位学者依然发现不了光的速度有任何差别。"

"是的,我了解他们的工作。对我来说,所有这一切似乎都表明,当地球在轨道上运行时是带着以太一起移动的。"

我却是从未有过这种想法,但当时无疑有许多人持有这种观点,想来是被后人抛弃了。于是我作了即兴发言:"那可是一个可爱的学说。"

"可爱?"

"噢——聪明的学说。但如果以太确实跟着地球一起移动的话,那么你就会看到遥远的恒星发出的光可能产生奇异的效果。迈克耳孙与莫雷的结论却是:要么根本不存在什么'以太',要么地球并**没有**相对其运动——这些结论很别扭,令人难以相信——也许,对光来说确实存在一些怪诞的、离奇的性质。"

"那么,究竟哪种说法是对的?"

"有个名叫爱因斯坦的物理学家被公认为一种学说——人们称之为狭义相对论——的创始人。正如我说过的那样,光确实存在一些相当离奇的性质。他在1905年公开发表了该学说,而另有一大批其他学者——其中包括洛伦兹(Hendrik Lorentz)与庞加莱(Henri Poincaré)——也正在用同样的观点进行研究,因为人们普遍认为麦克斯韦

(James Clerk Maxwell)的电磁方程并不完全符合牛顿物理学。问题在于'移动的参考系'。也就是说,当观察者在移动时,电磁方程组应如何变化?有若干公式可以回答这个问题。譬如说,在牛顿物理学中,移动中的观察者所测得的速度应当减去观察者自身的速度。但牛顿公式的变换会把麦克斯韦方程组搞得一团糟。正确的解答是必须改用不同的公式,它们被称为洛伦兹变换。在这些公式中,光速保持恒定,但空间、时间与质量却产生了令人眩晕的效应:在速度接近光速时,物体将会收缩,时间慢得像是在爬行,而质量却变为无穷大。"

"很难相信如此离奇的故事。"

"你声称是利用了一部时间机器来到了这座建筑物的中心,却责怪我在讲一个不能相信的故事?"

"啊,在我动身时,这个建筑物还不存在,先生。不管怎么说,我现在来到了这里。"

"是啊,这就是狭义相对论。现在我得承认只用这些公式去思考这类事情确实不容易。在1908年以前,这个学说也并没有真正起飞,直到数学家闵可夫斯基(Hermann Minkowski)为相对论提供了一个很好的几何模型——有助于**形象**思维的一种简单办法——现在称之为闵可夫斯基时空(平直时空),情况才有所改观。"

"正是**由于**相对论谈论的是光的非相对性质,其中涉及的一切事物都得严重取决于观察者所用的'参考系'。静止的观察者与运动着的观察者看同一件事物是不一样的。"

"我理解这一点。时间机器正是根据这样的原理来运作的。"

"嗯,对啦!但你思考的是牛顿(Isaac Newton)的物理学。不错,它们有着不少共同点。从数学观点看来,参考系实质上就是一种坐标系统,牛顿物理学为三维空间提供了三个固定的坐标(x,y,z),而空间结构被认为与时间无关。不仅如此,把时间视为一种坐标根本就不合传统。闵可夫斯基引入时间,作为明白无误的额外坐标。我们可以画一个图,把二维闵可夫斯基时空看成一个平面[见图7.2(a)],水平坐标x决定了一个质点的空间位置;垂直坐标t决定了它的时间位置。"

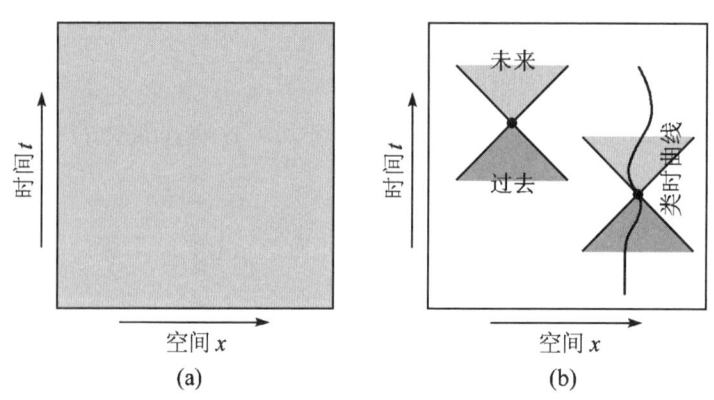

图 7.2 闵可夫斯基时空
(a) 时空坐标;(b) 光锥与一条类时曲线

"但这正是我告诉过你的东西!"时间旅行者很激动地说,"时间就是第四维嘛!"

"是的。然而,还有一个小毛病潜伏得很深,你们那时的社会文明还不知道。我马上就会告诉你究竟是什么,但首先我得解释一下我画的这幅插图。在正统的闵可夫斯基时空中,x是三维的;但为了方便起见,我们不妨把它视为一维。稍后我还会将空间视为二维。问题在于时空的4个维度在二维的纸张上表达起来极不方便,所以包括变戏法在内的一大批数学分支只好把空间的维数削减掉一些。当然,最简单的办法就是无视一些维度。

"质点运动时,它在时空中描绘出一条曲线,叫作它的**世界线**。如果速度保持恒定,世界线是条直线,其斜率则取决于速度。缓慢运动的质点花了大量时间,却只经过极少量的空间,因而它们的世界线近乎垂直;反之,高速运动的质点在极短的时间内穿越了广阔的空间,因而它们的世界线接近于水平。介乎其间,角度等于45°的是质点在相同时间内穿越相同空间的世界线——当然要用合适的单位去计量。选择这些单位时一定要考虑到光速——用'年'作为时间单位,'光年'作为空间的单位。现在我要问你,在一年时间里,一光年相当于多少空间距离?"

"噢,你的意思是——光,对吗?"

"当然啰。45°世界线对应于光的粒子——光线或光子——或能以同等速度移动的任何别的东西。"

"光的粒子?"

"瞧,把它作为一个概念,行不行?如果你觉得光线听起来舒服一些,就把它想象为光线吧。"

"如你所愿。我开始觉得有点头痛了。"

"可是你什么都还没有明白呢,老兄。"

"我的名字不叫'老兄'。"

"随便说说而已,不要当一回事。无论怎么说,你还没有向我通报尊姓大名呢。现在我不妨告诉你,上面提到过的小毛病是,相对论不允许物体的移动速度超过光速。数学方面的理由是,它们的长度将变为虚数——-1的平方根——质量与时间的局部流逝也会变为虚数。所以真实质点的世界线,与铅垂线的夹角绝对不能超过45°。这种世界线称为**类时曲线**[见图7.2(b)]。任何事件——时空中的点——总是有一个**光锥**伴随着它,由两条倾斜角为45°的相交的对角线构成。之所以称为光锥,则是由于将空间视为二维时,相应的曲面实际上是一个(双)圆锥。前方区域包容了事件的**未来**,也就是它有可能影响到的时空中所有的点;后方区域则是它的**过去**,也就是曾有可能影响到**它**的事件。光锥以外的其余时空是被禁止的区域,任何地方、任何时刻同该特定事件不会有因果关系。"

"在狭义相对论中,有一个类似三维空间中两点之间距离的量,称为事件(x, t)与(X, T)的**间隔**,即

$$\sqrt{(x-X)^2 - (t-T)^2}$$

请特别注意两个括号之间的减号:时间有它的特殊性。这就是你的朋友威尔斯先生搞错的地方。时间确实是一个维度,但它和空间维度不一样。尽管它有时也可以同空间维度混在一起(不久我会解释给你听)。不过,无论如何,必须搞清楚的要点是,沿着45°角的斜线$(x-X)^2 = (t-T)^2$,有$x-X = t-T$,或$x-X = T-t$,此时事件的间隔为零,这种45°的直线被人们称为**零曲线**。"

问 题

在通常的三维空间,坐标分别为 (x,y,z) 与 (X,Y,Z) 的两点,其距离是多少?

"我明白了。我曾读过笛卡儿(René Descartes)先生的解析几何,但所谓'间隔',它是什么意思?"

我告诉他,间隔同移动中的观察者的时间流逝的表观速率有关。一个物体运动得越快,它经历的时间看上去就越短。这种效应称为**"时间延缓"**。当你趋近零曲线时——也就是说,速度越来越接近光速时——你会感觉到所经历的时间将越来越慢,趋向于零。如果你能做到用光速去旅行,那么时间将会被冻结。对光子来说,不存在时间流逝。

时间旅行者意味深长地说:"在我看来,这种理论中的时间是一种易变的、无常的东西。"

"不错。事实上,早在1911年,郎之万(Paul Langevin)就指出狭义相对论的一个神奇特征,那就是著名的'**双生子佯谬**'。设想(见图7.3)一对孪生兄弟罗森克兰茨与吉尔登斯坦出生在地球上。罗森克兰茨终身待在家里,吉尔登斯坦则以接近于光的速度外出旅行,走了几圈

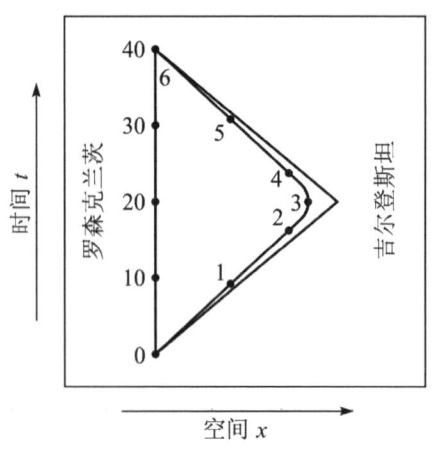

图7.3 双生子佯谬

之后又回到家里。由于时间膨胀，在吉尔登斯坦的参考系中，时间只过去了(譬如说)6年，但在罗森克兰茨的参考系中，却过去了40年。"

时间旅行者说："然而，情况是完全对称的，在吉尔登斯坦的参考系中，以接近光的速度外出的旅行者是罗森克兰茨。因而，根据同样的理由，年纪较轻者应当是罗森克兰茨。显然，这种说法是滑稽可笑的。"

"这就是人们所说的悖论。但事实并非如此。因为只有当你不认真注视时空图时它才显得自相矛盾，此时你将认为究竟取哪个双胞胎作为'固定'参考系是无关紧要的。然而，吉尔登斯坦的运动是有(正或负)加速度的，可是罗森克兰茨没有——这样一来就破坏了孪生兄弟的表观对称性。在爱因斯坦的理论中，加速度不是一个相对量，就像我以前说过的那样，'相对论'是个愚蠢的名字。"

时间旅行者慢慢地摇了摇头。我无法判定他究竟是不相信我的话，还是被这个思想的深度吓到了。他喃喃地说，几乎是在自言自语："但这仅仅是个理论而已，实际情况并非如此。"

我说："'理论'这个词有双重意思，它的第一层意思，按理说应该叫作'假设'，但听起来好像有点做作。它意味着需要讨论与进行实验的一种想法，仅当它的应用像模像样时才成为理论。但除此之外，它还有第二层意思：'由一批概念与结论所组成的体系经受得住旨在揭露任何瑕疵的一系列严峻实验的考验而存活下来。'你不能轻易地舍弃类似下面这样以'仅仅'开头的句子。'仅仅是一种想法，存在了几个世纪之久，始终没有消失……'但它并不真正起作用，是不是？

"尽管如此,考验还在继续,20世纪后期,人们把原子钟用大型喷气机送上太空,绕着地球运转,以进一步测试相对论这种学说的效应。"

"我理解你所说的'时钟'的意思,至于句子里的其他意思我几乎是一无所知。"

"原子钟精确得简直令人难以相信,它们由飞得极快的机器送上太空,围绕着整个地球运转。当然啰,与光速相比,这种飞行器的速度实在太慢了,从而观测到的时差(以及预告的时差)仅仅是一秒钟的千千万万分之一,真是太微不足道了。"

"噢,"时间旅行者说,"你说什么'飞行器'?"

"你已经有了一台**时间**机器——它着实要比飞行器难造得多。不必多问了,把这个名词接受下来就行,我的好朋友。"

"那么你就是在告诉我'时间脱了臼'①,这样你就可以继续你的莎士比亚(William Shakespeare)《哈姆雷特》式的主题了,"他回想后追加了一句。

"说得很对。所以我们应当抓紧利用这种脱臼来制造一台时间机器。"

"同我以前做过的一样。"

"是的。但由于缺少了你们的象牙,我们将不得不利用常用的物理学,这意味着要用到相对论,为了做到这一点,我们必须吃透爱因斯

---

① The time is out of joint,它是《哈姆雷特》中的名句。——译者注

坦用相对论解释的引力。"

时间旅行者呆呆地看着我,问道:"引力同时间旅行有什么关系?"

未完待续……

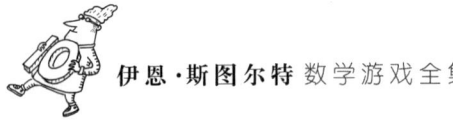

答　案

毕达哥拉斯定理告诉我们，它们的距离是
$$\sqrt{(x-X)^2+(y-Y)^2+(z-Z)^2}。$$

第 8 章
走向未来2：黑洞、白洞与虫洞

前面的故事讲到……

时间旅行者来到了霍克洛斯和本金重型机械公司的办公室。他的时间机器遭到严重损坏,由于没有象牙,不可能修复。但霍克洛斯和本金公司有可能给予帮助。他学到了狭义相对论的一些知识,在这一理论中,光速是恒定不变的。

请继续看下去……

时间旅行者呆呆地看着我,问道:"引力同时间旅行有什么关系?"

"每一件事情都有关系。不过我承认,此事看来并不明显。你要知道,爱因斯坦创立了另一个理论,叫作广义相对论,它是牛顿引力与狭义相对论的综合。你知道牛顿对引力的解释吗?"

"先生,我是一个受过良好教育之人。引力是使运动着的质点偏离其完美无缺的直线路径的一种力。要是没有它的话,质点本来是会遵循直线运行的。任何物质粒子所受到的引力与距离的平方成反比。"

"不错,不错。但我们不妨从几何角度来考量。当任何力(例如引力)不存在时,质点的运行路径称为**短程线**,也就是说,它们是可以使各端点之间的总距离为最小的最短路径。在平直的闵可夫斯基时空中,与之类似的短程线由相对路径(即事件间隔)取而代之。现在的问题是,如何将引力合理地考虑进去。爱因斯坦的解答是,不把引力视为一种外加的力,而把它看成是时空结构的一种变形,这种变形足以改变事件的间隔。邻近事件之间的可变间隔称为时空的**度规**。对于此种说法,通常形象地比喻为:时空变得'弯曲'了。"

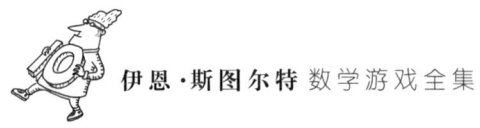

"围绕什么东西而弯曲?"

"没有围绕任何一个物体,这种弯曲只是对平直时空而言,是一种内在的、本质的变形。对通常的欧几里得空间,你也同样可以提出类似的问题:'沿着什么东西平直?'曲率在物理上被解释为引力,它引起光锥变形。其后果之一就是'引力透镜'。质量很大的物体将使光线弯折,这是爱因斯坦在1911年发现的现象,并在1915年公之于世。这种效应在一次日食时被首次观测到。最近又发现一些遥远的类星体——极具威力又极为遥远的宇宙天体——在望远镜中出现了多重像,因为它们发出的光线受到了居间星系的透镜效应。"

图8.1将用时空中类似空间的部分说明以上看法(实际上,一般可取恒星附近的一个确定的瞬间,不过真正要讲透不容易,因为它相当专业。按照相对论效应,在不同的地方,所谓"确定的瞬间"是无意义的)。恒星所在的空间将是一个向下弯曲的曲面,宛如一个圆形的山谷。这种时空结构是**静止**的:在时间流逝时,它保持不变,维持原状。经过此地的光线将按照短程线运行,穿越它的表面,被"向下拉进"洞里,因为短程线走的是一条捷径。在时空中以亚光速运行的粒子,其性状也类似。如果你俯视这幅插图,你将会看到,粒子不再走直线了,而被"拉向"恒星一侧,而牛顿物理学却把它解释为引力。

我告诉他:"在远离恒星的地方,这种时空非常接近真正的闵可夫斯基时空;也就是说,引力作用迅速衰减,很快变得可以忽略不计。一般类似闵可夫斯基时空的时空称为**渐近平直的**。请牢牢记住这句话。为了制造时间机器,那是极为重要的。至于我们的宇宙,其中大部分

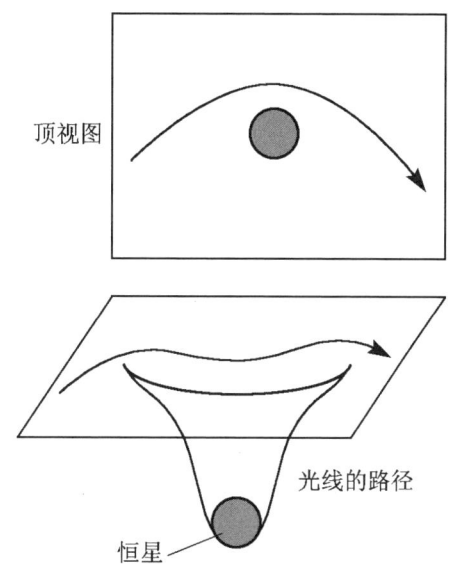

图8.1 引力作用下光的弯折

都是渐近平直的,因为恒星体之类的大质量天体分布得非常稀疏。"

时间旅行者在慢慢地消化这个信息。"所以我可以给时空任意指定形状?这听起来似乎不是很可信。"

"不,在建立一个时空时,你不能随心所欲地任意弯曲。它的度规必须满足**爱因斯坦方程组**,这些方程组把自由粒子运动与'平直'闵可夫斯基时空的变形程度联系了起来。"

"我明白了。在时空中的质量分布与时空结构本身之间存在着一种联系。似乎物质的创造也创造了它们自己的空间与时间。"

"哎呀,你理解得真快,爱因斯坦可是花费了多年光阴来研究的呢。不管怎么说,现在我可以来讲一讲20世纪的物理学家们怎样在广义相对论的框架内理解'时间机器'这个短语了。"我看到他的兴趣突然猛增,不再是出于礼貌而倾听我的说话了。我继续讲下去:"时间机器能使质点或物体回到它自己的过去状态,因而它的世界线,即类时曲线,必须是封闭的,成为一个环。一台时间机器其实就是一条**封闭的类时曲线**,可以简写为CTC。今后我们不必再用'时间旅行究竟可能吗?'这样的问句,代之以'CTC能否存在?'"

时间旅行者神经质地把身子向前靠了一靠,他的眼睛眯成了一条线,他问道:"那**它们**能存在吗?"

"在平直的闵可夫斯基时空,它们不可能存在。向前与向后的光锥——事件的未来与过去——永远不能相交。但在其他类型的时空中,它们是有可能相交的,最简单的例子就是把闵可夫斯基时空卷成一个圆柱(见图8.2)的情形。这样一来,时间坐标就变成循环往复的了。"

"你的意思是说,历史可以永恒地重演自己,就像印度神话中说的那样?"

"勉强称得上吧。**时空**可以不断重复。至于说历史,那就要看你如何思考自由意志的运作了。它是一个很棘手的问题,爱因斯坦方程组也不能真正对付得了。那些方程组管的仅仅是大体粗糙的时空结

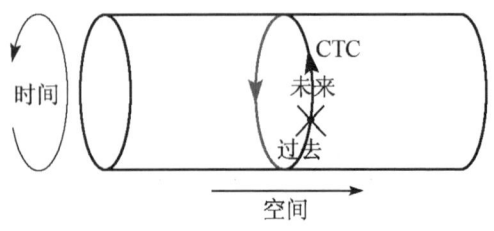

图8.2 拥有CTC的时空的简单例子

构而已。

"圆柱形状的时空虽然**看上去像是弯曲的**,但就引力意义而言,实际上并非如此,相应的时空实质上并不是弯曲的。当你将一张纸卷成圆筒时,它实际上并没有**变形**。你可以再次把它摊平,这张纸并没有卷曲,也未起皱。生活在这种表面上的生物难以感觉到曾经有过的弯曲,因为曲面**上**的距离并未改变——除非它走遍环绕圆柱的每一段道路。总之,度规——在一个特定事件**附近**,时空的局部性质——并没有改变。发生改变的只是时空的整体几何学特性,即它的**拓扑学特性**。"

时间旅行者叹了一口气:"又来了一个新名词。"

"拓扑学是一种可塑性极强的几何学——它研究图形在连续变形下的不变性质。例如有洞或打结的情况。"

"啊,在我生活过的那个时代,这种学问叫作**位相分析**。它是一门很新的学科,了解它的人非常之少,仅限于寥寥几个专业数学家。"

"然而,现在它是一门非常古老、非常令人肃然起敬的学问,而且每一个婴儿早在离开娘胎之前就已熟知。把闵可夫斯基时空卷起来就是一个很神奇的拓扑戏法,可以把老的时空改造成新型的时空,手段主要是**裁剪与粘贴**。如果你能把已知的时空切成一块块,然后把它们粘起来而不改变它们的度规,那么其结果也是一个可能的时空。"

"当然你是在用隐喻。"

"是啊,直到现在为止,我都同意你的看法。但当霍克洛斯和本金公司把它自己说成是一家'重型机械公司'时,它的意思的确是**沉重**的,而且**无比沉重**。不过我说这话,也许是我领先了自己。"

"像我一样。"他板起面孔,毫无笑容地说。出于礼貌,我还是笑了笑。如果设身处地,站在他的位置,再勉强的笑话我也说不出来。

"我说的是'使度规变形',而不是'弯折'。根据同样的理由,我说卷起来的闵可夫斯基时空**不**是弯曲的。我谈论的是内在的、本质的弯曲,就像是生活在时空中的生物所亲身感受的,而不是从外部观察到的表观弯曲。表观性的弯折是'无害'的——它并没有真正改变度规。现在你看,卷起来的闵可夫斯基时空提供了一种最简单的办法,它能证明满足爱因斯坦方程组的时空**可能**拥有CTC——从而表明了这样一种观点,即时间旅行与当前已知的物理科学并不是水火不相容的。然而这并不意味着时间旅行是**可行**的。"

"我能理解这一点。在数学上的可能性与物理上的可行性之间存在着极其重大的差别。"

他很敏锐,我将对他施予援手:"是啊,若能满足爱因斯坦方程组,则时空就是数学上可能的。如果它能够存在,或者能够制造出来,成为我们自己宇宙的一部分,那么它就是物理上可行的。这就是重型机械公司的由来。不幸的是,对你来说,卷曲的闵可夫斯基时空在物理上可行的设想毫无根据:想把宇宙塑造成那样的形式肯定非常困难,除非它生来就有了循环往复的轮回时间。寻找那种拥有CTC**而且**在物理上可行的时空,其实就是要寻找看起来更切实可行的拓扑结构。有许许多多数学上可能的拓扑结构——但正如那位众所周知的爱尔兰人所指出的——你不可能把它们统统都放到这里来。

"话虽如此,你仍然有可能得到一些极其有趣的东西。在经典的牛顿物理学中,运动物体的速度没有限制,粒子有可能逃离吸引它的质量,不管后者的引力场强度如何厉害,只要粒子的移动速度大于逃逸速度就行。在1783年提交给英国皇家学会的一篇论文中,米歇尔(John Michell)发现,如果把这种看法同光速有限性结合起来,那就意味着:质量足够大的物体根本不会发光——因为光速将低于逃逸速度。1796年,拉普拉斯(Pierre Simon de Laplace)在他的论文'宇宙体系论'(Exposition of the System of the World)中重复了这些思考。在这两位学者的设想中,宇宙中遍布着一些杂乱无章的庞然大物,它们比恒星要大,完全漆黑一团。"

"真是一个非常神奇的想法。"

"你说得对。他们都比他们的时代超前了一个世纪。1915年,施瓦茨希尔德(Karl Schwarzschild)为了一个真空中大质量球体周围的引力场问题而去解爱因斯坦方程组,迈出了在广义相对论范畴下求解类似问题的第一步。在距离球体中心的一个临界距离(现在称之为**施瓦氏半径**)内,解的性态非常怪异。当时,从数学角度来看,在施瓦氏的解答中,时间与空间似乎都失去了本性,变成了毫无意义的东西。另外,像太阳那样质量的恒星,施瓦氏半径只有2000米,至于地球,其施瓦氏半径就只有1厘米了——当然施瓦氏半径都是从球的中心开始计量的。由于埋藏得如此之深,即使发生了有趣的事情也没人能跑到那里去看一看。对密度如此稠密、完全位于其自身施瓦氏半径之内的恒星,究竟会发生些什么事情呢？没有人知道。

"接着到了1939年,奥本海默(Robert Oppenheimer)与斯奈德(Hartland Snyder)证明,这样的恒星将在它自身的引力作用下坍缩,时空的很大一部分真的会坍缩成一个区域,在那里面的任何物质,甚至连光都无法逃离。一个令人兴奋的新的物理概念从此产生了。1967年,惠勒(John Archibald Wheeler)给它起了个名字叫作**黑洞**,这一新概念就这样接受了正式洗礼。"

图8.3是一个静止黑洞(并不旋转的黑洞)的生命史,其中的空间被表示为二维,而时间则是自下而上地垂直穿过。随着时间的流逝,原先向外辐射的、呈对称分布的物质(图中的阴影区域)逐渐缩小到施瓦氏半径,然后继续坍缩,经过有限的时间之后,全部质量坍缩成一点(称为奇点)。但从外面看来,所有能观测到的只是在施瓦氏半径处的**事件视界**,它将区域分为两部分,其中的一部分光线还能逃得出去,另一部分则是外部的观察者永远都看不到的。黑洞就躲藏在事件视界的里面。

图8.3(a)是站在恒星表面上的一位假想的观察者所看到的事态进程,时间坐标t就是这样一位观察者所经历的时间。倘若你想从外面观察恒星的坍缩景象,你将会看到星体在逐渐缩小,一直缩小到施瓦氏半径,但你实际上永远看不到它到达那里。当它缩小时,从外部观测到的坍缩速度却越来越趋近光速,而相对论的时间延缓效应将意味着外部的观察者所看到的整个坍缩过程将需要无限长的时间,如图8.3(b)所示。另外,你会看到,星体发出来的光将越来越向光谱的红色

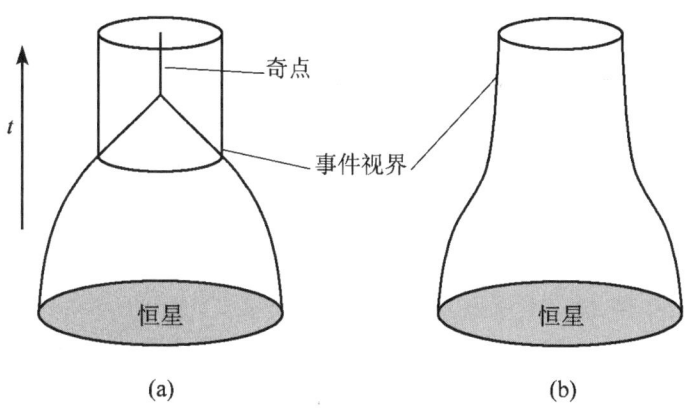

图8.3 不同观察者所看到的黑洞之形成
(a) 在坍缩质量的表面处的观察者;(b) 外部的观察者

端偏移。在黑洞里面,时间与空间所扮演的角色会颠倒过来。正如在外面的世界中,时间会无情地增长那样,黑洞内部的空间却在无情地减小。

"现在轮到机械工程大显身手了,"我说,"霍克洛斯和本金公司已经开发出一整套工艺,从量子泡沫的放大到演算的不可能性。由于黑洞的时空拓扑是渐近平直的——就像闵可夫斯基时空那样——因而它可以被裁剪下来,拼贴到任何宇宙的时空中去,只要该时空有足够大的渐近平直区域,像我们的宇宙那样就行。总之,剪贴工艺使黑洞拓扑在我们的宇宙中有了物理上的可实现性。引力坍缩的场景使之更具说服力:作为起步,你只要有一团足够大的、质量高度集中的物质就行,例如一颗中子星或者某个星系的中心。这就是我所说的重型工程。31世纪的技术已经能够**造出**黑洞。我们所用的工具有物质处理

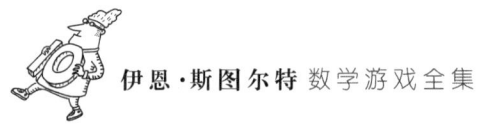

器——用得最多的是经过改造的中子星,还有引力陷阱,以及重型的、经得起损耗的激光压缩器。

"不过,静止黑洞并不拥有CTC。下一步要注意的是,爱因斯坦方程组对于时间是可逆的。这就是说,对应于方程组的每一个解,存在着其他情况一样但时间却是逆向流逝的另一个解。黑洞的时间反演称为**白洞**,它看起来就像是上下颠倒的图8.3。通常所说的事件视界是一道屏障,没有一个粒子能从那里逃逸出去;时间反演了的事件视界则是一道任何粒子落不进去的屏障,然而每时每刻都有粒子从那里发射出来。因而,从外部看来,白洞就好像是恒星一般的大质量物体从时间反演的事件视界处发生爆炸。"

"为什么一直以来岿然不动的白洞里的奇点突然之间决定要喷发,成为一颗恒星呢?"时间旅行者似信非信,提出了异议。

"问得好。原先高度集中的物质,如果过于稠密,将会坍缩成一个黑洞,人们认同这样的解释;然而它的逆过程似乎不合情理,违反了因果性。它的确不合情理——不过其原因是在我们这个宇宙之外,因而我们不知道结果从何而来。让我们暂时认同白洞在数学上的可能性,并且注意它们也是渐近平直的。所以只要你懂得怎样制造一个白洞,你就能顺利地把它粘贴到你的宇宙中去。不久以前,霍克洛斯和本金公司发明了一种有效的办法来制造白洞,其根据是测不准原理。我们利用一台海森堡放大器,使物质的位置非常不确定,完全有可能在正常的宇宙之外,然后启动一台年代颠倒加速器,使每一件事情按时间反演的方式来发生与演化,因为系统不知道它应放在哪一种时间框架里运行。

"我们所做的事情不限于此。我们还能够把黑洞与白洞粘在一起,然后用一台宇宙切割器沿着它们的事件视界裁开,再用冷暗物质沿着边缘缝合起来。"我越说越来劲,对他茫然若失的神情完全置之不理。

"结果如图8.4所示——说得更确切一些,这是结果的一个固定的类空部分:像是一种管子之类的东西。物质只能从一个方向穿过这种管子:从黑洞进,由白洞出。它是一种物质阀门。经过阀门的通道由一根类时曲线来实现,因为物质粒子真的能够穿过它。

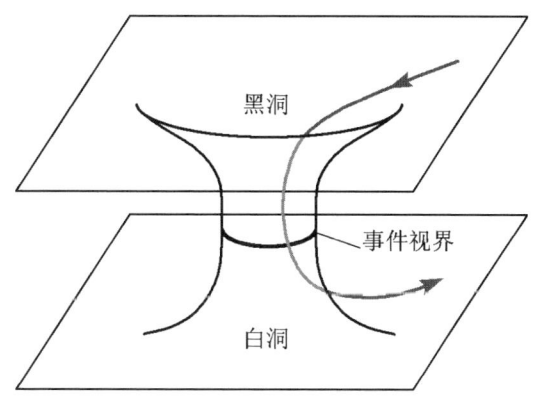

图8.4 一个虫洞

"由于图8.4的拓扑空间在管子两端都是渐近平直的,所以两端都可以粘贴到任何时空的任何一个渐近平直的区域上去。你可以把一端贴在我们的宇宙,另一端贴到别的宇宙。也可以把两端都贴在我们的宇宙中——**你高兴贴在哪里都可以**(不过在物质高度集中的地方及附近不行)。这样一来,你就得到了一个**虫洞**。

"霍克洛斯和本金公司能制造宇宙中最好的虫洞,"我扬扬得意地说,"之所以称为虫洞,因为它们看上去就像是一条虫子在苹果里钻出来的洞,只不过这里的苹果是指我们的时空而已——但要提醒一下:时空为数有限,不可能像非时空那样,多得俯拾皆是。虫洞的示意图如图8.5所示。但你必须牢牢记住:即便两端的距离在正常的时空中遥远得难以想象,但是通过虫洞的距离却是极短的。"

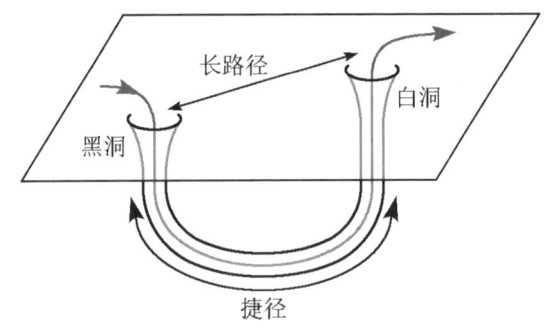

图8.5 把虫洞用作物质的输送发射装置
此图把虫洞的长度大大夸张了,因为图是画在正常时空中的。实际上它可以是非常短的,即使在"正常"的时空中两端相距非常遥远。因为在虫洞内的时空中,距离是一种固有的性质

"我懂。虫洞就是通过宇宙的一条捷径。"

"对啦,"我说,"但那是**物质传输**,不是时间旅行。"

"不过,它同时间旅行多多少少总有点联系吧?"时间旅行者迫不及待地问我,他的手指都在颤动。

"是啊,"我说,"请稍等片刻,听我讲下去……"

未完待续……

第 9 章
走向未来3：回到过去，还有利可图

前面的故事讲到……

从相对论的角度看来,"时间旅行"意味着"封闭的类时曲线",简称CTC。已知的物理知识并不排斥这类事情,霍克洛斯和本金公司已经能把一个黑洞与一个白洞连接起来,制造出一个虫洞。然而,那只是物质传输,而不是时间旅行。是不是?

请继续看下去……

我们睁大眼睛,注视着我画出来的虫洞图形(见上一章的图8.5),希望从中获取灵感。我对时间旅行者说:"你是否意识到,人们曾经认为时间旅行在理论上根本不可能,这与它的名字自相矛盾?"

"你是在指那个古老的'爷爷悖论'吗?"

"是啊。他长着一把令人印象深刻的胡须,但——对不起,我理解错了。"

"对我的时间机器,人们也持同样的反对意见。"

"是的。这个悖论可以追溯到法国人巴雅韦尔(René Barjavel)所写的科幻小说《鲁莽的旅行家》(*Le Voyageur Imprudent*)。你回到过去,杀死了你的爷爷,但这样一来,你的父亲就不会出生,当然不会有你,于是你不可能回到过去杀死他……"

"因而你没有杀死他,于是你就**诞生**了,你就可以回到过去,于是……"

"正是如此。"

时间旅行者说:"当我造好机器以后,我才认识到问题的严重性。我在犹豫……人们也曾问过我……你看,我多么喜欢我的爷爷啊。"

"想都不要去想它,"我说,"如果你用量子力学思考问题,那么你就能轻易地察觉这样的事不可能存在。"

"你说的是哪一种力学?"

"量子力学。对你那个年代来说,它是一种新事物。作为研究物质的基础物理的量子力学是不确定的。许多事情,例如放射性粒子的衰变,是随机发生的。对小埃佛来特(Hugh Everett Jr.)所创立的'多重世界'的解读,是这种不确定性在数学上受到尊重的一个起因。对科幻小说的读者来说,这种宇宙观是非常熟悉的:我们的世界只不过是无穷多个'平行世界'中的一员而已,每一种可能的排列组合都将在平行世界中出现。1991年,多伊奇(David Deutsch)指出,应当感谢多重世界的解读,量子力学对'自由意志'没有任何妨碍。另外,按照其他科幻小说中的描写,爷爷悖论已经不成悖论了,因为爷爷将在平行世界中被害(或已经被害)而不是在原来的世界里。"

时间旅行者对这些话仔细琢磨了一些时间,然后他说:"这个问题使大家放不下心来。譬如说,如果我真的回到家里,我怎么能够肯定我是真的到了原来的家,还是偶然地滑进了一个平行的宇宙?"

"不必担心,"我说,"按照多重世界理论的解释,无论你做什么事情,组成你身体的原子都在作出抉择:要不要改变它们的量子状态。老实告诉你,它们在任何时刻都是这样的。你永远是从该时刻所在的宇宙出发,前往一个平行的宇宙——每一个可供选择的状态都决定了一个宇宙。"

"实话实说,你想让我宽心的尝试并不能使我信服。"

我几乎听不见他的意见。此刻,我的脑子里酝酿出一个念头,我可以感觉得到我的潜意识正在告诉我什么事情。但由于时间旅行者急于找到回家的办法,我无法静下心来思考……

"我认为我们应当放弃这种量子力学的行当,"他说,"回到一个更简单的问题:虫洞与时间旅行究竟有没有联系?"

当然有啊!我的潜意识不是正在试图告诉我什么吗?不,我有一种奇怪的感觉,其中好像涉及金钱……

"肯定是有联系的,"我答道,"事情可以回溯到1988年,当时莫里斯(Michael Morris)、索恩(Kip Thorne)、尤尔特塞维尔(Ulvi Yurtsever)3位学者意识到,他们能把虫洞与双生子佯谬结合起来得出一个CTC。在你提出这个问题之前我几乎忘记了这件事。他们的想法是固定虫洞的白洞一端,将黑洞一端拖开(或者使它曲折成'Z'字形),速度比光速略微慢一点点。"

图9.1表明这种想法如何引出了时间旅行。虫洞的白洞一端保持着静止状态,时间按它的正常速率流逝,由图上的数字来表示。虫洞的黑洞一端以略低于光的速度作'Z'字形盘旋,而由于相对论的时间延缓效应,在这一黑色终端的移动观察者所经历的时间将要慢得多。现在让我们考虑一下通过正常空间连接两个虫洞的世界线,在每个终端的观察者所感受的时间是一样的:世界线所连接的是由同样数字来表示的点。开始时,这些直线的倾斜度小于45°,因而它们不是类时曲线,物质粒子也不可能沿着它们运行。但在某些时刻,例如在时刻3,此时直线的倾斜度达到了45°,当这一"时间壁垒"被跨越之后,你就可

以穿越正常空间——沿着一条类时曲线从虫洞的白色终端到达其黑色终端。图9.1中的世界线从虫洞白端的点5跑到黑洞的点4。一旦到了那里,你就可以**穿过**虫洞,再沿着一条类时曲线返回;由于那是条捷径,因而你可以在极短时间内做到这一点,从而在转瞬之间由黑洞的点4跑到了白洞的点4。这就是你开始出发的地方,但却是在**过去**的一年,就是说,你已经在时间里旅行了。等待了一年之后,你就能把CTC曲线闭合起来,终于回到了你出发时的时空。注意虫洞的两个对应端点并不是闵可夫斯基空间中有着同一 t 坐标的两点,而是与移动中的观察者有着同样"流逝时间"的两个点,如图上的箭头所示。①

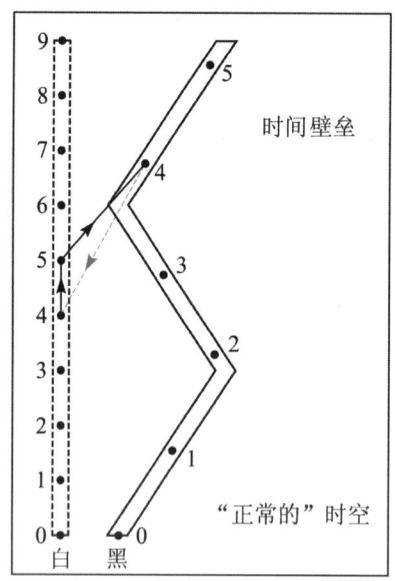

图9.1　将虫洞转变为时间旅行机器

① 从白洞到黑洞应按实箭头,即从白洞的点5到黑洞的点4;而返回时则应按虚箭头,即从黑洞的点4到白洞的点4。——译者注

"其实你在自己家里就能制造一个虫洞。取一只塑料垃圾袋,剪去它的底部。把它的一端固定,设想另一端来回晃荡,其速度比光速略低一点点,这样一来,它内部的时间就减慢了下来。当这只袋子远的一端靠近时,你就一脚跨过去,当你到达那里时,就是回到了你的过去。然后你再爬过来,于是你实现了时间旅行。"

"只要你的想象力足够活跃就是了。"

"你在普通空间里需要穿越的实际距离不一定巨大无比:它取决于虫洞的右端在'Z字形'路径的每一段要走多远。在大于一维的空间中,它的路径可以取螺旋形而不是'Z'字形。这种情况相当于虫洞的黑洞端走的是一条圆形轨道,其速度接近光速。为了达到此目的,你只要造出两个成对的黑洞,围绕着它们的共同质心快速旋转就行。

"你的出发点伸向未来越远,从那里返回来时,就会回到越早的往昔。"我对时间旅行者说。

"真是奇迹啊!如有必要,我可以在此再等几年。"

"啊,"我说,"你不要高兴得太早了,还有很别扭的麻烦要克服呢。有时候在你造出虫洞**之后**,你却永远不能穿过时间壁垒回到过去。要回到你的那个时间,希望渺茫。"他听了这话,脸色立刻沉了下去,我也受到了他的感染。现在,我已经想出了我的下意识想告诉我的东西,它的确涉及钱的问题。但它遭遇了同样的问题。

我说:"另外还有一个问题。霍克洛斯和本金公司的研究与发展部门正在着手做这件事,但迄今为止,我们所得到的一切都只是实验室里的样品。问题在于:你能否真正**造得出**这些装置?能不能真正穿越虫洞？建造虫洞，我们不成问题，也能使它的两个终端晃来晃去。那不过是创造强大的引力场而已，这是我们的家常便饭。

"然而，使我最操心的是所谓的'猫洞效应'。当你移动一个物体穿越虫洞时，虫洞会企图夹住物体的尾巴。这意味着，要穿过虫洞而不被夹住尾巴，你的旅行速度就必须快于光速，但这是办不到的。"

"为什么？"

"最简单的办法是用**彭罗斯地图**来表示时空的几何形状。此种图形的发明人是20世纪英国数学物理学家彭罗斯(Roger Penrose)。当你在一张摊平的纸上绘制地球的图形时，你不可能做到坐标不变形——譬如说，经线可能要变成曲线。时空的彭罗斯地图也会使坐标变形，但在经过精心设计的图形上，光锥仍然不变——还是继续维持45°。图9.2是虫洞的彭罗斯地图。任何一条类时曲线都从虫洞的入口开始，如图所示地扭动曲线，这条曲线必然要进入未来的奇点区。除非它超过光速，否则是没有办法到达虫洞出口的。"

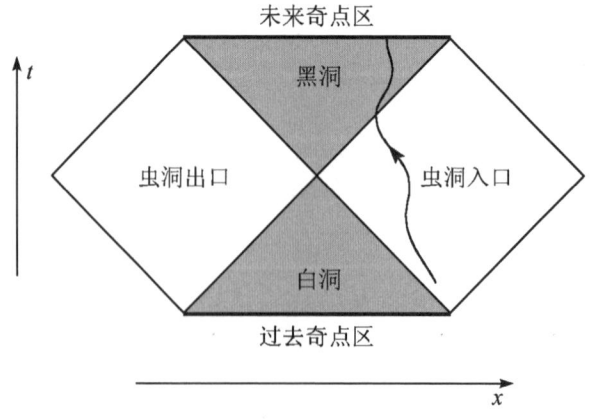

图9.2　虫洞的彭罗斯地图

"但你早已告诉我,超过光速是不可能的。"时间旅行者说。

"啊,并不尽然。我们打算利用能施加巨大负压的**奇特物质**(犹如一个过度伸展的弹簧)来穿越虫洞。另外,维塞(Matt Visser)在1991年对良性虫洞提出了另一种几何学,只要我们找到了奇特物质的富矿,我们就会马上进行实验。他的办法是在空间里切割两个完全相同的立方体,把它们相应的表面黏合起来,然后我们再用奇特物质来加固立方体的边。"

"听起来似乎很复杂。"时间旅行者说。

"确实如此。但这就是工程师们的工作,使那些复杂的事情能够做起来。不过,还有一种更古老的办法,它不需要利用什么奇特物质。除此之外,它还有一个更大的优点:不需要**建造**虫洞,从而也就没有了时间壁垒效应。你可以随心所欲地返回到以往任何时间。只要老天爷一声令下,就可以卷起袖子,采取行动。倘若我们交上好运,还有大批钱财可得……"

"我听不大懂你的话,"时间旅行者打断了我美丽的白日梦。

"我讲的是如何利用现成的时间机器——一种**旋转**的黑洞,它是自转中的恒星受引力作用坍缩后形成的。爱因斯坦方程组的施瓦氏解相当于静止黑洞,那是无自转的恒星坍缩后形成的。1962年,克尔(Roy Kerr)为了探讨自转黑洞而求解爱因斯坦方程组,这类黑洞现在称为**克尔黑洞**。除此之外,还有另外两类:雷斯纳-诺德斯托鲁姆(Reissner - Nordström)黑洞,静止但是带电荷;克尔-纽曼(Kerr - Newman)黑洞,自转而且带电荷。这样的方程组有个明确无误的解可谓奇迹,而克尔居然能找到它那就更是奇迹了。但它极其复杂,根本说不清楚。然而它却有着非同一般的结论。

"其中的一个结论是:在黑洞内部不再只有一个奇点。取而代之的是在它的转动平面内存在着一个圆环形的奇点区(见图9.3)。在静止黑洞中,所有的物质都会落进黑洞;但在旋转黑洞中却不一定如此。物质可以在其赤道平面的上面运行,或者通过圆环。事件视界也变得更加复杂,实际上它已经一分为二。穿入**外层视界**的信号与物质不能重新返回,由奇点发射出去的信号与物质不能通过**内层视界**继续向外走。而与外层视界在极点相切的是**静止极限**,在这个极限之外,粒子可以自由运动;在这个极限之内,则必须与黑洞沿同一方向转动,但它们仍然可以通过径向运动逃逸出去。在静止极限与外层视界之间的部分称为**能层**。如果你开枪把子弹射进能层,并使它分成两半,一半被黑洞捕获,另一半逃逸,那么你可以提取出一些黑洞的转动能量。

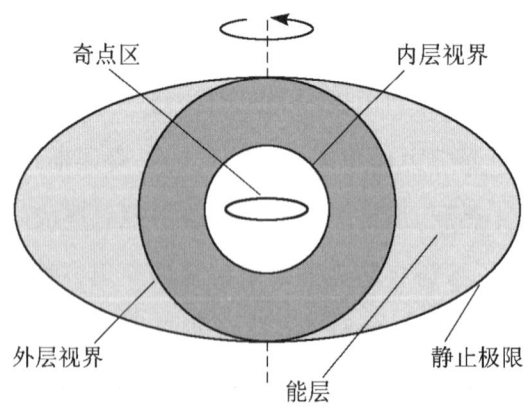

图9.3　一个旋转黑洞的横截面

"但是,最耸人听闻的结论是图9.4所示的克尔黑洞的彭罗斯地图。图上的白色菱形代表时空的渐近平直区域——其中之一是我们的宇宙,其他几个则不一定是。奇点区由一些虚线来表示,表明它是可以穿越的(通过圆环状区域)。奇点区外面是反引力宇宙,在这种宇宙中,距离为负数,物质互相排斥。在此区域中的任何物体将从奇点区域被抛到无穷远。某些合法的(不超过光速的)轨线在图上用曲线

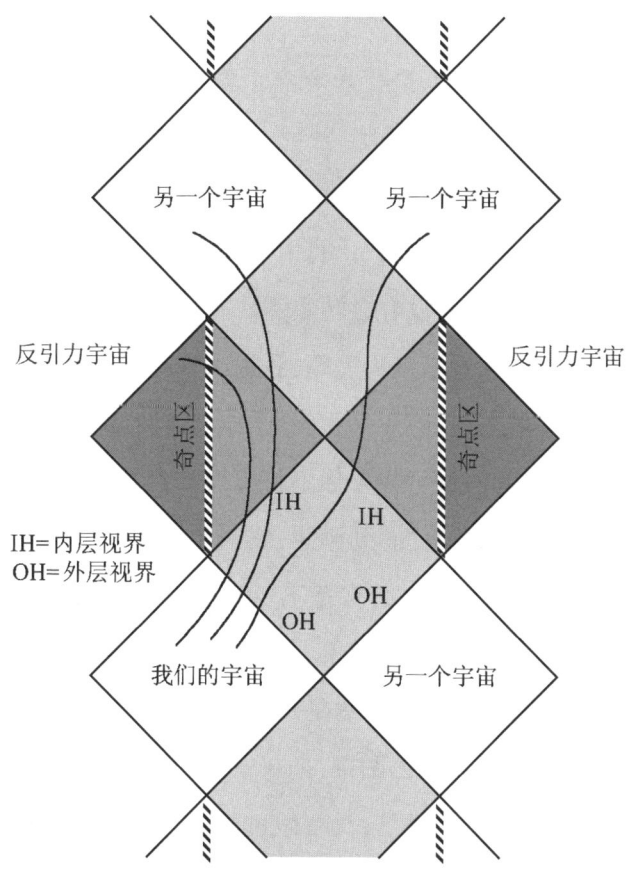

图9.4 自转黑洞的彭罗斯地图

标出,它们将通过虫洞到达任意一个轮番出现的出口。但最令人惊讶的是,这些都不过是整个图像的一部分。在垂直方向,图像是无限重复的,从而提供了无限多的可能入口与出口。

"如果我们用自转黑洞代替虫洞,并利用霍克洛斯和本金公司的物质处理设备,以接近光的速度将入口与出口来回牵引,我们就能得到一个更有实用价值的时间机器——它让你可以穿越时空而无须走向奇点。"

时间旅行者听了这话,高兴得有点手舞足蹈起来:"这样来说,我很快就能回到我的时代了。来吧,让我们赶紧收拾一下我的机器的残部,让它们伴随我踏上归程。"

"不要如此心急嘛,"我说,"让我用计算机查一下。啊,真烦人,在我们力所能及的范围内并没有自转黑洞。有一个正在造,却又遇上罢工,现在还没完工。"他看来极为失望,我也与他一样。等等,前几天晚上,我不是一直在收看虚拟现实超级传媒体系吗?**啊,我懂了!** 我想到了一个最新发布的信息。"如果你不打算操控克尔黑洞,那么有个简单得多的奇点性质也能使你感到满意,它叫**宇宙弦**。它是一种静止的时空。在时间流逝时,类空部分保持不变。

"为了使宇宙弦更具直观形象,最好的办法是用二维空间展示。剪一个楔形的扇面,把它的边粘贴在一起[图9.5(a)],如果你用纸片来做,结果就能得到一个尖头的圆锥[图9.5(b)],但从数学观点来看,你只是把相应的边合在一起而已,没有做过任何弯曲动作。时间坐标所起的作用同它在闵可夫斯基时空中所扮演的角色完全一样(为了得出光锥的正确形状,你只需要认同两条边,并不需要真正去做一个圆锥)。如果你放入第3个空间坐标并在每一个垂直截面上重复上述过程,那么你将得出一个**线状**质量,它就是羽翼丰满的宇宙弦。为了做出它的一个模型,可以把同样的圆锥串成线,这就是所谓的'弦'[见图9.5(c)]。你得记住,每一个圆锥都是真实时空中时间恒定时的一个断面。"

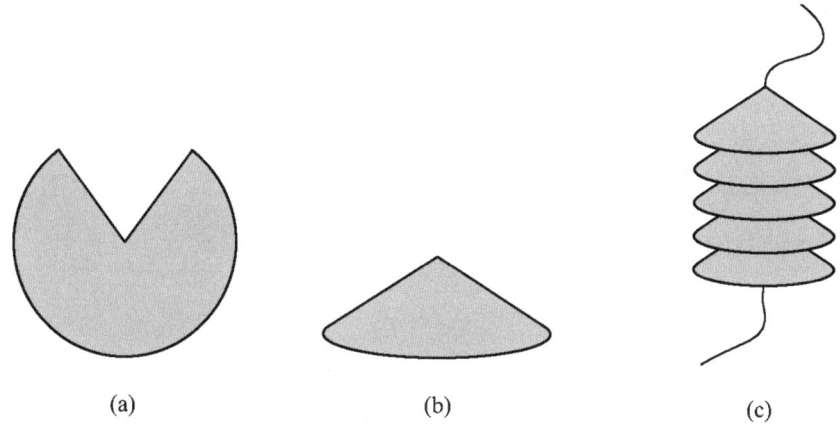

图9.5
(a)宇宙弦的空间结构(摊平看);(b)把扇形的两条边粘贴起来,使之成为一个圆锥;(c)加上一个额外的空间维度

时间旅行者说:"我不能肯定自己是否完全理解了把宇宙弦视为一种时空的物理解释。"

"好吧,基本点是宇宙弦是有质量的,这个质量与剪去的扇形的角度成正比。但宇宙弦的质量同一般质量的性质有所不同。除了一个点之外,时空都是局部平直的——正如闵可夫斯基时空一样。一个真实圆锥的表观曲率是'无害的',然而宇宙弦在时空拓扑中的**全局性**变化将导致短程线——质点的路径——大尺度结构的改变。譬如说,通过宇宙弦的物质或光将会产生引力透镜效应。"

"是不是像遥远的星系能使来自类星体的光扭曲一样?"

"说得很对。从某些地方看来,宇宙弦很像一个虫洞,数学上的黏合使你有可能'跳过'被割去的闵可夫斯基时空的扇形。倒退到1991年,戈特(J. Richard Gott)利用这种模拟,建立了一台时间机器。更确切地说,他通过图解,向人们说明:在两条以亚光速运行、相互呼啸而过的宇宙弦所形成的时空中是含有CTC的。出发点在于,如图9.6那样,两条对称放置的、静止不动的弦通常就是时间恒定的类空部分。图上的时间坐标被省略了;如果要加上去的话,它是垂直于纸面的。

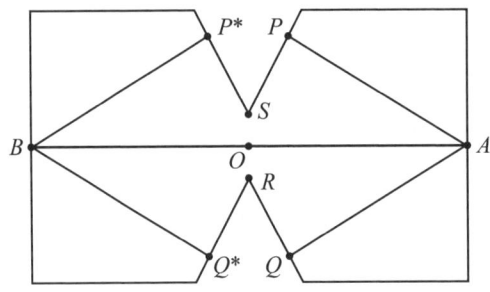

图9.6 两条摊平的宇宙弦

"由于'黏合'在一起,点P与点P*视为相同,点Q与点Q*也一样。图9.6给出了连接A与B两点的三条短程线,即水平线AB、折线APP*B,以及对称放置的折线AQQ*B。此图向我们阐明了宇宙弦所起的引力透镜效应:B点的观察者能看到A的三个复本,每一个复本都沿着一条不同方向的短程线。

"如果两条宇宙弦靠得足够近,那么光线通过 AB 这条路径要比通过其他两条路径花的时间略微长一点。这就产生了一个重要后果。倘若一个质点从过去的时间 T 自 A 点出发,它就能在未来的时间 T 到达 B 点。我们称事件 A 为过去,事件 B 为未来。现在让宇宙弦 R 和 S 动起来,即 S 高速向右,R 高速向左,则由于相对论的时间延缓效应,就静止观察者的参考系而言,过去事件 A 与未来事件 B 就是同时发生的。

"于是,为了得出所需的 CTC,我们使粒子经由路径 PP^*,从 A(过去)通到 B(未来);然后由对称性,使它经由路径 $Q^* Q$ 从 B(未来)回到 A(过去)。戈特的计算表明,如果宇宙弦以亚光速运行,这样的 CTC 在数学上确实是成立的。"

时间旅行者搔了下头皮,扮鬼脸说:"现在我已学会了阁下爱用的一句问话——这样一幕场景,在物理上能实现吗?"

"啊……1992 年,卡罗尔(Sean Carroll)、法里(Edward Farhi)、古思(Alan Guth)3 位学者证明:宇宙中没有足够多的能源可以用来建造一台戈特时间旅行机器。更确切地说,宇宙从来就没有足够多的物质,借以从静止粒子的蜕变物中提取出为此所需的能量。"

"看来我将再次陷入自己未来的困境之中。"

"那倒未必……如果我们能发展出一种足够强大的新能源的话……但目前恐怕还做不到。但是,我的确能回想起我们宇宙中的星系分布,它告诉我们星系在很大程度上是聚集成团的,形成了数亿光年长的结构。而这样的聚集实在太惊人,不可能由已知物质的万有引力来形成。"

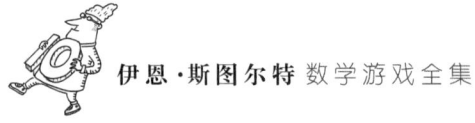

"于是呢?"

"有一种学说认为,星系的这种聚集成团是自然发生的宇宙弦所播下的'种子'。设想霍克洛斯和本金公司的数据库中保存着自然发生的宇宙弦遗迹的坐标——再假定有一个虫洞可以利用,把你送到那里去——这样的话,我们仍有可能送你回家。"也许它还能助我发财呢……

"这样说,大自然母亲的本事着实要比霍克洛斯和本金的工程技术高明得多。"

"不过,你还是需要我们的虫洞把你送到宇宙弦那儿去。"我指出了这一点,同时要求计算机查找一条宇宙弦及在它附近的虫洞。几秒钟过去后,计算机吱吱地响了起来。"你算是交上了好运,"我对他说,"立即搭乘凌晨3点25分从月球航天中心始发,驶往参宿四的快客,在御夫座ε星换乘前往蛇夫座的专线,然后再去搭乘一辆来往毕宿五的通勤车。我现在就去叫一辆出租飞行汽车,把你的那台破机器一道带走,再代你买一张车票。"

"车票会不会很贵?"

"是的,很贵,"我答道,"相当于我一年的薪水。不过,你有办法偿还我的钱。"我一面说话,一面忙不迭地给计算机发出新的指令。

"怎么个还法?"时间旅行者问道,"只要我能回到19世纪的末叶,无论什么事情我都愿意去做。"

计算机的打印输出设备正在快速运转。不过顷刻工夫,我递给他一叠纸:"这里有一份1895年至2999年之间所有证券市场的主要股票价格清单。我要你以我的名义在英格兰银行的一个账户里投资1英镑。无论在你的时代还是在目前,这家银行自始至终存在着。这份打印记录能确认投资增长得**十分**迅速。你听懂了没有?"

"当然。如果你能预知市场的未来动向,你的财富增长当然是有保障的。"

"不错。还要设想我们并没有被人转移到一个平行的世界中去。但即便在已经过去而其未来变成了现在的平行世界中,我们的化身大概也会做同样的事情。历史上不是有一大批趋同现象吗?我愿意冒一下风险。现在,让我们赶紧联系信托代理人,使系统开始正常运作。把利润的50%作为开办费。确认信托基金将于公元3001年1月27日——就是明天——到期兑付。必须有我的签名。这儿就是一份签名样本,可以存档备查。"

"如果我欺骗了你,把所有的钱都扣住,那你怎么办呢?"他问道。

"那我也只好返回到19世纪,说服你不能如此背信弃义。"我说道。

"啊,说得对极了。不必担心,我会一切照办的。"

出租飞行汽车来了,他离开了。

我天生就有一种"搏一记"的爱好。我把一年的薪水都投了下去,希望他返回他自己的时代。如果债务偿清……我会牢牢记住明天在英格兰银行的这一个重要日子。

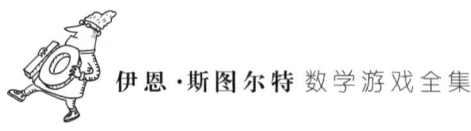

反馈信息

在空间割出两个一模一样的立方体,把它们对应的面粘起来,维塞(Matt Visser)的这种想法竟然同我10年前所写的一篇科幻小说有着惊人的类似之处。但你们知道我并未做过真正的数学与物理计算,因而我无权声称比他抢先了一步。

这篇科幻小说名叫《摆错位置的天堂》(Paradise misplaced),刊登于《类比》(Analog)杂志101卷第3期,1981年3月,第12至38页。小说的主人公名叫比利,是一位"万能博士"。他受人之托,要去查究一个千古之谜。巴亨巴群岛应该有72 107个岛屿,如今却只有72 106个,一个名叫特利西地斯的小岛消失了。比利在瞥见了海面上自己的倒影之后,发现了小岛的失踪之谜。

比利拿起两根筷子,把它们并排地放在台布上。"设想它们是空间的两个平面,"他说,"再做一个中间的传输平面,其做法是,沿着两个平面开两条狭长的口子,再把它们交叉地粘起来,也就是把一个切口的左边连接到另一个切口的右边,从而得到一种交叉效应。从一个平面的左侧进去,你将会从另一个平面的右侧出来,反之亦然。尤有甚者,进进出出是不需要花费时间的,因为它是在跳跃。"

"设想你已利用所需的机器设备造出了一个传输平面,使之穿越特利西地斯岛上的基地,并连接到大洋底下某个地方。一旦启动开关,传输平面起了作用,特利西地斯岛似乎就出现在某一个平面的尽头处,海面就在它上面一点点。平面的平坦程度近乎完美,简直可以说是光学平面了。此时,修刮得十分地道的岩石与海水交界面的作用无异于一面镜子,因为它的性态正如一片磨得无比光亮的岩石上面顶着一层海水。然而,一旦平面与岛屿停止接触,交界面的余下部分全都成了水与水,而不再是水与岩石了,此时你将完全看不到什么独特之处。海水到处漫溢,自由地穿越交界面,使你根本说不出哪里是它们的分界。"

"那样倒好,"林迪路[①]说,"但你是否看到了大洋中部第二个平面上出现的一半顶部呢?"

"是的,可是实际情况没那么简单,要复杂得多。我猜他们用的是一只箱子,在它的各条边上都安置了传输平面。把一只箱子放在特利西地斯岛周围的海域,另一只箱子放在海面上的一个空旷之处,仍旧采取交叉连接法。然后像魔术师那样念念有词,说一声'变!'顷刻之间,小岛不见了。"

---

① 这篇科幻小说中的另一人物,是配角。——译者注

第10章
扭转的圆锥

你大概认为圆锥的几何学内容过于陈旧了，其实不然。把两个圆锥的底部用胶水粘起来，然后在中间切开，如果它们正好是合适的形状，你将会得到一个正方形截面。倘若把其中的一半先转过一个直角然后再粘贴，你将会得到一个球面锥，它是一个十分讨人喜欢的数学玩具。

多边形与时间困境

今天,圆锥也许是人们最熟悉的形状之一,它可以是冰淇淋的盛器形状,也是当交通拥堵时提示车辆绕道行驶的标志。在历史上,它们逝去的光辉多在高雅的领域里。圆锥的几何学使古希腊人为之倾倒,一些优雅的曲线都可以用平面切割圆锥来得到。时至今日,这些"圆锥曲线"——椭圆、抛物线与双曲线——在天体力学上的地位稳如泰山,不可动摇,成为研究行星、彗星以及其他天体运动的重要工具。丹麦天文学家第谷(Tycho Brahe)对许多行星作了大量观察;德国天文学家、数学家、占星学家与神秘主义者开普勒(Johannes Kepler)计算了火星轨道,认定它必为椭圆无疑;英国数学物理学家牛顿推导出了引力的平方反比定律。阿波罗登月也是它的重大成果之一。

然而,古希腊人并没有预料到这些成果。他们研究这种错综复杂的圆锥曲线几何主要是由于其内在的美,后来他们又发现可以利用这些曲线来解决尺规作图无法解决的问题,其中包括三等分任意角、倍立方体(求作一个立方体,使其体积为已知立方体体积的两倍,这里需要作出一个长度为 $\sqrt[3]{2}$ 的线段)。新曲线之所以能够解决这些问题,是由于找出两条圆锥曲线相交于何处相当于求解三次与四次方程。用圆规与直尺只能求解一次与二次方程。碰巧的是，上面这些经典问题都能归结到求解一个三次方程。对倍立方体问题，这一求解一望即知；但在三等分任意角的问题上，还需要利用一些简单的三角知识。欲知其详，请参阅本系列的另一本书《绳结与迷宫中的奶牛》。至于另一名题化圆为方（求作一个正方形，使其面积与已知圆的面积相等），即使应用了圆锥曲线也不能解决。此事也请参阅《绳结与迷宫中的奶牛》。

一般来说，圆锥本身对数学家的吸引力不如其平面截线，这部分是由于圆锥的形状过于简单所致。对于如此简单的圆锥来说，还能有什么新东西留下来？出人意外的是，还真的有。1999年5月，"数学游戏"专栏的一位读者罗伯茨（C. J. Roberts）写信告诉我一个他称之为"球面锥"的神奇图形。他甚至在信中送了两个给我。后来他又给我寄来一只大纸箱，里面装了好几十个，个中原委，待我慢慢道来。

图10.1（a）显示了一种双圆锥体，把两个同样的圆锥从底面黏合在一起就得到了它。把它对半切开再扭转一下，就得到了球面锥，放在平坦桌面上的球面锥会一圈又一圈地滚动。一个球面锥会按顺时针或逆时针方向滚动，其路线大体上是个圆。但若让它高速滚动，或把它放在滑轨上，则它所走过的路线基本上是直线。球面锥制作简单，制作方法我马上会讲。球面锥的滚动大致是一种受控制的摇摆，但基本上属于直线运动。我以前从未在任何场合看到过或听人提到过这样的形状——但它究竟是否存在于地外文明，那恐怕谁都不知道了。

如果你沿着一个包括上、下两顶点在内的平面切割双圆锥体，你

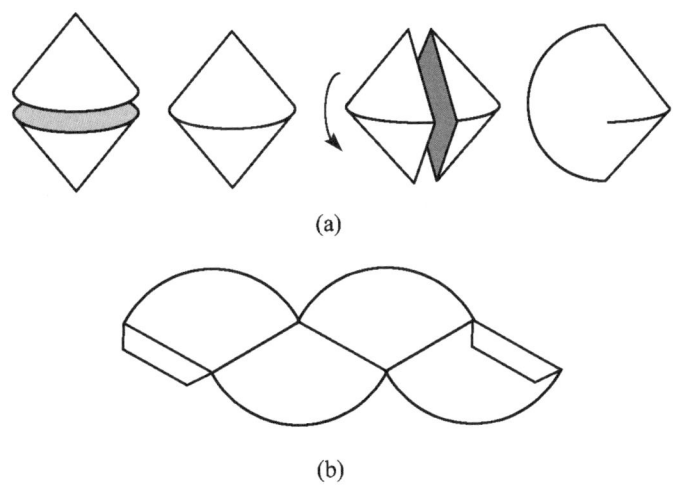

图 10.1
(a) 构造球面锥;(b) 怎样用卡纸做球面锥

将会得到一个菱形截面,即四条边都相等的平行四边形。倘若所用的圆锥形状正好合适,那么你将得到一个**正方形**截面。同其他菱形不一样,正方形有一种额外的对称性:把它转过一个直角,它的形状保持不变。因而,你可以把这样的一个双圆锥体从中间切开,将其中的一半扭转一个直角,然后再把两片黏合在一起,这就做出了所谓的"球面锥"。人们应当感谢这一转,它使得做出来的东西不再是双圆锥体,而变成了一个有趣得多的小怪物。两个双圆锥体的一半拼起来却不一定是一个双圆锥体!

球面锥可用一片薄薄的硬卡纸来制作,要剪出 4 个相等的扇形,它们互相连接在一起,但交替地面对着不同朝向[见图10.1(b)]。在设计这个形状时,所涉及的主要计算是求出扇形两条直边的夹角。设双圆锥体的圆半径为1个单位长,当其截面为正方形时,作为其组件的每一个圆锥,其底面直径都等于$\sqrt{2}$,这可由毕达哥拉斯定理得出来。因而,圆锥底面的周长为$\sqrt{2}\pi$。扇形的弧长是它的一半(因为你在制作球面锥时,把双圆锥体切成了两半),从而可以求出扇形的夹角为$\frac{\sqrt{2}}{2}\pi$弧度,或$90\sqrt{2}$度,大约是127.28度。

如果把附图剪下来,你可以把每个扇形卷成半圆锥,并将小纸片贴到对应的边上去。如有必要,可作稍许调整,锥体的圆形底部将能贴合得没有缝隙。为了稳妥,还可以用胶布把连接的地方贴牢。

球面锥做好了,它带来的第一个欢乐是:此物居然能**滚动**。不仅如此,它滚动时还会摇摇摆摆。先是圆锥状的一个扇形面同地面接触,然后是另一面。于是,它看上去在前进时是摇摇晃晃的,时而向左,时而向右,相互交替。特别令人感兴趣的是,把它放在略微倾斜的斜坡顶上,注视着它摇摇晃晃、从容不迫地滚下来。当罗伯茨先生的信件到达时,由几位专业数学家组成的小团体正在享受美妙的半小时,他们满怀激情地欣赏着球面锥从一张由许多书本垫起来的倾斜桌子上滚下来。

那封来信提示了球面锥的一些令人着迷的性质:

它有着一个连续的表面。

它会在平面上滚动。

一个球面锥会绕着另一个转,而且总是如此。

组成一个正方形团队的四个球面锥会彼此互相转动。

一个球面锥的表面上可以服服帖帖地粘上8个球面锥,

每一个都与其他两个相连,且能泰然自若地滚动。

由9个球面锥组成的团队将会绕着另外9个球面锥组成的团队滚动,而且总是如此。

收到这封来信之后,我感到十分激动,当即回信要求他赐告更多信息。不久之后,有了回音,他寄来了一只很大的纸箱,但称起来非常轻,简直形同无物。拆开一看,原来是大约50个球面锥,排列得整整齐齐,用透明胶组成了一个很大的点阵。这有点像晶体的原子点阵,可以在三维空间里无限重复。我想自己莫不是交上了好运?继而又想,也许自己运道还不够好,因为自己并没有收到整整一卡车这样的宝贝。

球面锥何以会有如此奥妙的几何性质呢?原因之一是它的4条边——即图10.1上组成扇形的线段正好是一个正八面体的4条棱,而扇形顶角的角平分线则相当于正八面体的另外4条棱。正八面体是同立方体有紧密联系的——如果你在立方体的每个表面的中心标出一点,并用直线将它们连接起来,你将得到一个正八面体。至于立方体嘛,当然是可以整整齐齐地堆叠起来形成平直的一层,或者填满三维空间。

球面锥的几何性质当然远远不止这些,但这是一个很好的开端,对初学者是很有帮助的。

罗伯茨大约是在1970年发明球面锥的。在中学读书时,几何学一贯是他的强项,中学毕业后他当了一个细木工的学徒。难怪他的第一只球面锥是用木头雕刻出来的。他的起点是默比乌斯带,即把纸带扭

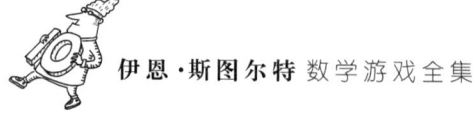

转180°之后连接起来,这是拓扑学家与中小学生都很熟悉的玩意儿。不过,罗伯茨很快就意识到,由于纸张有一定厚度,因而默比乌斯带的截面实际上是一个长而薄的矩形。如果你把截面弄成一个正方形,那么就可改用90°的扭转来粘接两端,由此而得出的立体,其外表面将是一个单一的曲面。不过,这种形状的物体中间有个洞,它是一个环。那么,有没有不是环的立体,而其外表面是单一的曲面呢?终于有一天,罗伯茨在加工一段正方形截面的木料时,开始想到如何设计一条曲线,以便把一个表面扭接到另一个表面。两头都这样操作,再去掉中间的木料,于是他得到了一个球面锥。

他用红木做了一个球面锥,送给他的妹妹,后者一直珍藏至今。然后他淡忘了这个课题,直到1997年。当时我正在电视上宣讲圣诞系列数学课程——在英国,这是有传统的,时间可以一直追溯到法拉第(Michael Faraday)在1826年的活动,那些日子当然没有电视——我讲的题目是对称性。罗伯茨收看这个电视节目时,他的兴趣竟然复活了,于是给我写了信。

从适当的方向看(即取扇形的中线),球面锥就像是正方形中间添上了一条对角线[见图10.2(a)]。但如果从另一个方向去看,它又像一个等腰直角三角形再加上跨接于其斜边上的一个半圆[见图10.2(b)]。把两个球面锥放在一起[见图10.2(c)],其中的一个可以在另一个的表面上滚动。图10.2(d)给出了$\frac{1}{4}$转后的样子。图10.2(e)显示的是4个球面锥的放置方式,它们都可以在其邻近的球面锥表面同时滚动,总是如此。

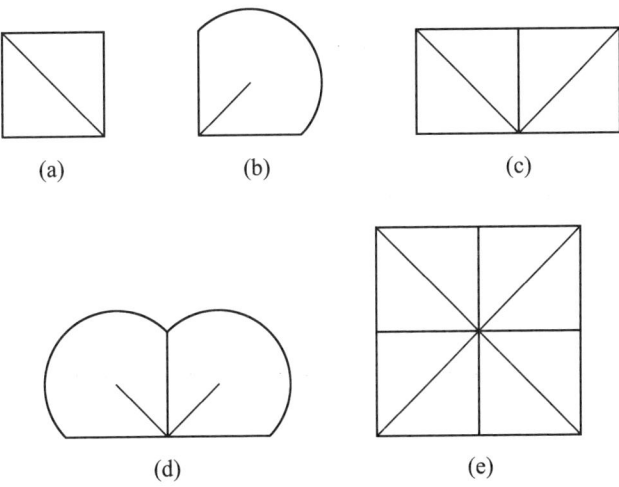

图10.2

(a) 正方形截面;(b) 等腰直角三角形加上半圆;(c) 两个球面锥的平衡滚动;(d) $\frac{1}{4}$ 转以后的样子;(e) 4个球面锥的平衡滚动

球面锥的摆放模式看来极多,没完没了。我想留有余地,不再饶舌,让各位读者自己去享受这一简单、独特、机智的数学玩具的种种乐趣,并发现一些之前没有人述及的摆放模式。

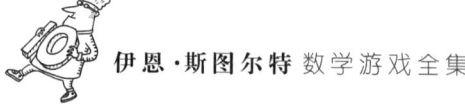

问　题

8个球面锥可以围绕着一个球面锥放置,统统都能保持平衡。你能画出示意图吗?

反馈信息

下面摘录部分读者来信。

加利福尼亚州阿尔亨布拉市的德特曼(John D. Determan)：

> 我建议利用顶角为60°的圆锥。在这种情况下，切割成两半时，截面将是一个等边三角形，而这样的两个半圆锥可用120°的扭转将它们粘起来。所得之物能够滚动，但走不远。

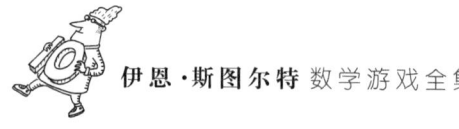

伊利诺伊州沃伦斯维尔市的戴希(Cecil Deisch)：

我找到一个不俗的变种。开始时的两个圆锥有60°的顶角，然后沿着一条与圆锥的倾斜边成直角的边进行切割，再把两个底部黏合起来（底部现在变成了椭圆）。这种物件可以再次切割为两半，以产生一个等边三角形截面，然后再把这两件东西扭转以后粘起来。

佛蒙特州谢尔本市的劳森(David Racusen)：

我建议，可以先从有正方形截面的圆柱开始，扭转90°后再粘起来。

伊利诺伊州布鲁克菲尔德市的班克罗夫特(Don Bancroft):

> 我1981年取得了一项美国专利(请参看书后的进阶读物),其中讲到了一种滚动装置,由两个半圆在其直边的中部连接并扭转90°。这个专利还进一步讲到了这一设计思想的某些变种。

答 案

如图10.3所示,任意一个球面锥都可以在中心球面锥上滚动,但此时围绕中心球面锥的8个球面锥不再能同时互相滚动了。

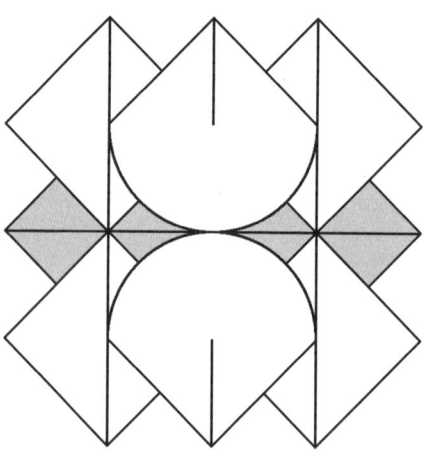

图10.3

进阶读物

第 1 章

Henry Ernest Dudeney, *Amusements in Mathematics*, Dover, New York 1958.

Ivar Ekeland, *The Broken Dice*, University of Chicago Press, Chicago 1993.

Martin Gardner, *Mathematical Magic Show*, Penguin, Harmonds-worth 1965.

Ian Stewart, *Another Fine Math You've Got Me Into*, Freeman, New York 1992; reprinted Dover, New York 2003.

Ian Stewart, *Game, Set and Math*, Blackwell, Oxford 1989; reprinted Dover, New York 2007.

Ian Stewart, *How to Cut a Cake*, Oxford University Press, Oxford 2006.

Ian Stewart, *Math Hysteria*, Oxford University Press, Oxford 2004.

第 2 章

Kenneth A. Brakke, The opaque cube problem, *American*

Mathematical Monthly 99 (1992) 866—871.

Vance Faber, Jan Mycielski, and Paul Pedersen, On the shortest curve which meets all the lines which meet a circle, *Annales Polonici Mathematici* 154 (1984) 249—266.

Vance Faber and Jan Mycielski, The shortest curve that meets all the lines that meet a convex body, *American Mathematical Monthly* 93 (1986) 796—801.

Martin Gardner, The opaque cube problem, *Cubism for Fun* 23 (March 1990) 15.

Martin Gardner, The opaque cube again, *Cubism for Fun* 25 (December 1990) 14—15.

Bernd Kawohl, The opaque square and the opaque circle, *General Inequalities* Ⅶ, International Series in *Numerical Mathematics* 123 (1997) 339—346.

Bernd Kawohl, Symmetry or not?, *Mathematical Intelligencer* 20 no.2 (1998) 16—21.

第3章

Cameron Browne, *Hex Strategy*, A.K. Peters, Natick MA 2000.

Martin Gardner, *Mathematical Puzzles and Diversions from Scientific American*, Bell, London 1961.

Sylvia Nasar, *A Beautiful Mind*, Faber & Faber, London 1998.

Ian Stewart, *Math Hysteria*, Oxford University Press 2004.

第 4 章

Andrew Granville, Prime number patterns, *American Mathematical Monthly* 115 (2008) 279—296.

Harry L. Nelson, *Journal of Recreational Mathematics* 11 (1978—79) 231.

Andrew Odlyzko, Michael Rubinstein, and Marek Wolf, Jumping champions, *Experimental Mathematics* 8 no.2 (1999) 107—118.

第 5 章

A. H. Cohen, S. Rossignol, and S. Grillner (eds.), *Neural Control of Rhythmic Motions in Vertebrates*, Wiley, New York 1988.

P. Gambaryan, *How Mammals Run: Anatomical Adaptations*, Wiley, New York 1974.

M. Hildebrand, Symmetrical gaits of horses, *Science* 150 (1965) 701—708.

Eadweard Muybridge, *Animals in Motion*, Dover, New York 2000.

第 6 章

Colin C. Adams, *The Knot Book*, W.H. Freeman, San Francisco 1994.

Colin C. Adams, Tilings of space by knotted tiles, *Mathematical Intelligencer* 17 no.2 (1995) 41—51.

B. Grünbaum and G.C. Shephard, *Tilings and Patterns*, W.H. Freeman, New York 1987.

第7章

Robert Geroch and Gary T. Horowitz, Global structure of spacetimes, *General Relativity: An Einstein Centenary Survey* (editors S.W. Hawking and W. Israel), Cambridge University Press, Cambridge 1979, 212—293.

John Gribbin, *In Search of the Edge of Time*, Bantam Press, New York 1992.

H. G. Wells, The Time Machine, *Selected Short Stories of H. G. Wells*, Penguin Books, Harmondsworth 1964.

第8章

Jim Al-Khalili, *Black Holes, Wormholes and Time Machines*, Taylor and Francis, London 1999.

Jean-Pierre Luminet, *Black Holes*, Cambridge University Press, Cambridge 1992.

R. Penrose, Singularities and time asymmetry, *General Relativity: An Einstein Centenary Survey* (editors S.W. Hawking and W. Israel), Cambridge University Press, Cambridge 1979, 581—638.

Edwin F. Taylor and John Archibald Wheeler, *Exploring Black Holes: An Introduction to General Relativity*, Addison Wesley, New York 2000.

第9章

Andreas Albrecht, Robert Brandenberger, and Neil Turok, Cosmic strings and cosmic structure, *New Scientist* 16 April 1987, 40—44.

Sean M. Carroll, Edward Farhi, and Alan H. Guth, An obstacle to building a time machine, *Physical Review Letters* 68 (1992) 263—269.

Marcus Chown, Time travel without the paradoxes, *New Scientist* 28 March 1992, 23.

John R. Cramer, Neutrinos, ripples, and time loops, *Analog* (February 1993) 107—111.

J. Richard Gott, III, Closed timelike curves produced by pairs of moving cosmic strings: exact solutions, *Physical Review Letters* 66 (1991) 1126—1129.

Michael S. Morris, Kip S. Thorne, and Ulvi Yurtsever, Wormholes, time machines, and the weak energy condition, *Physical Review Letters* 61 (1988) 1446—1449.

Ian Redmount, Wormholes, time travel, and quantum gravity, *New Scientist* 28 April 1990, 57—61.

第10章

Donald G. Bancroft, *Rollable body*, US Patent #4,257,605, United States Patent and Trademark Office, Alexandria VA, 24 March 1981.

Alessandra Celletti and Ettore Perozzi, *Celestial Mechanics: The Waltz of the Planets*, Springer, New York 2006.

Richard S. Westfall, *Never at Rest: A Biography of Isaac Newton*, Cambridge University Press, Cambridge 1983.

Michael White, *Isaac Newton: The Last Sorcerer*, Fourth Estate, London 1998.

Cows in the Maze :
And Other Mathematical Explorations
By
Ian Stewart
Copyright © Ian Stewart 2010
The First Edition was originally published in English in 2010
Simplified Chinese edition Copyright © 2025 by
Shanghai Scientific & Technological Education Publishing House Co., Ltd.
This translation is published by arrangement with Oxford University Press
ALL RIGHTS RESERVED
上海科技教育出版社业经Andrew Nurnberg Associates International Ltd.协助取得本书中文简体字版版权